L'ESPRIT DES
SCIENCES

DE LA BIOLOGIE
À LA BIOÉTHIQUE

Claude Lafon
Agrégé de biologie
Professeur en classe préparatoire
au lycée Thiers (Marseille)

ellipses

Dans la même collection

1. Pourquoi ont-ils inventé les fractions ?
2. Anatomie des atomes
3. 2500 ans de mathématiques. L'évolution des idées
4. Les Cristaux, fenêtres sur l'invisible
5. Les Mathématiques apprivoisées
6. La Naissance des objets mathématiques
7. Les Quarks, histoire d'une découverte
8. De l'alchimie à la chimie
9. La Relativité selon Einstein
10. L'émergence des mathématiques
11. Lumières sur les couleurs
12. Le Calcul confié aux machines
13. Une petite histoire de la physique
14. La Vie
15. Le Langage silencieux de la nature
16. Promenades au pays des nombres
17. La Statistique en pratique
18. L'Écologie dans tous ses états
19. L'Odyssée du vivant
20. Il était une fois l'évolution
21. La Terre : une vie de tourmente
22. Les Mathématiques, art, science et langage
23. Une petite histoire de la médecin
24. Les Ondes aujourd'hui
25. Idées reçues en biologie
26. Des esprits aux atomes. Une histoire des conceptions de la matière
27. La Radioactivité. Mécanismes et applications
28. Un siècle de science au fil des Nobel
29. La Quadrature du cercle et le nombre π
30. Architecture de l'Univers
31. La Mer, les océans
32. De la matière vivante à la vie brevetée
33. Histoire de la logique
34. Du thermomètre à la températu
35. Pour quoi et comment le sexe
36. La Chimie c'est tout une histoir Idées et conquêtes des origines à nos jours
37. Le Climat, objet de curiosité et de polémiques
38. Une histoire de l'astronomie
39. La fin des dinosaures ?
40. De la biologie à la bioéthique
41. De l'embryon à la personne

ISBN 2-7298-2651-3

32, rue Bargue 75740 Paris cedex 15

www.editions-ellipses.fr

INTRODUCTION

Le préfixe « bio », qui signifie « vie », est devenu véritablement envahissant : biologie, biotechnologies, biomédecine, biothérapies... ou encore : biosphère, biodiversité, bioénergie, biomatériaux, biodégradable... ou même : biométrie, bioinformatique... enfin et surtout : bioéthique, biopolitique, biopiratage... et, peu usités encore mais qui ne tarderont pas à s'imposer : bionique, bioterrorisme, biosécurité... Tous ces mots font aujourd'hui partie de notre environnement quotidien et concernent directement notre existence la plus concrète. Comme bien d'autres, issus et forgés par l'histoire et la pratique des sciences du vivant et passés, avec plus ou moins de succès, parfois en changeant de signification, dans les médias et le grand public : clonage reproductif, clonage thérapeutique, embryon, cellules souches, organismes génétiquement modifiés (OGM), gène, programme, code génétique, etc. Or, la plupart de ces mots ne sont pas d'une compréhension immédiate et une définition simple ne suffit pas à les cerner parce qu'ils désignent des notions nées dans un contexte donné, à un moment précis de l'histoire des sciences, qui ont connu une longue évolution et sont en perpétuelle transformation. Car les concepts scientifiques ne sont jamais figés : toujours ouverts et relatifs, jamais achevés, toujours révisables et amendables, ils ont leur vie propre, évoluent tout en gardant leur noyau de vérité absolue. Leur sens profond dépend toujours de leurs racines historiques, mais se modifie avec le temps. La cellule n'est plus ce qu'elle était, ni le chromosome, ni l'information génétique, ni la classification des animaux, ni même la vie ! Récemment la revue scientifique *La Recherche* s'est livrée à une démarche originale : elle a demandé à une vingtaine de « professionnels du gène », chercheurs dans leurs laboratoires, auteurs de publications sur le sujet, de définir en quelques lignes cette notion. Les résultats se sont avérés « saisissants » ; « le spectre des opinions se révèle étonnamment large ». Chacun a sa propre vision, les points de vue sont si différents qu'il semble qu'on ne sache plus ce qu'est exactement un gène. Et cependant, tous ces praticiens, parce qu'ils ont une solide culture biologique, parce qu'ils ont fait le tour de la question et connaissent le point de vue de leur voisin, se comprennent et ne sont en rien gênés dans leur travail. Comment, dès lors, faire passer dans le grand public la richesse, la souplesse et la complexité d'un tel concept ?

La biologie est la science des êtres vivants. Comme toute science elle a pour premier objectif de connaître et d'expliquer le réel extérieur à l'homme et qui lui préexiste, ou dont il fait partie. Elle recherche le vrai, le comment et le pourquoi des choses, elle établit des causalités et des lois, construit des modèles et des théories. Mais le savoir qu'elle produit est toujours relatif, imparfait, et la distinction entre le certain, le probable et le possible, n'est pas toujours facile. La complexité de son objet, le vivant, son étendue dans l'espace et dans le temps, autorisent des approches différentes, et de multiples branches spécialisées qui chacune développe un langage et des méthodes spécifiques. La biologie n'est pas une science « pure et dure ». Elle est traversée de multiples controverses et querelles entre spécialistes qui expriment, en même temps qu'un consensus commun, des sensibilités et des points de vue différents, d'autant plus tranchés que la biologie peut interférer avec les conceptions religieuses ou philosophiques que chacun se fait du monde.

Cette incertitude et ces limites ouvrent la porte à la manipulation et à la contamination par diverses idéologies, croyances et préjugés culturels qui se projettent sur le vivant pour tenter d'en rendre compte. Toute l'histoire de la biologie montre qu'elle a sans cesse été exploitée, falsifiée et détournée à des fins partisanes, pour tenter de justifier l'injustifiable, voire les pires atrocités : que l'on pense au darwinisme social de la fin du 19e siècle cherchant à couvrir les inégalités sociales par « la lutte pour la vie et la sélection du plus apte », à l'eugénisme prônant l'élimination des « êtres inutiles et nuisibles » et pourtant consensuel au début du 20e siècle, à l'idée absurde de race pure et au nazisme, à la condamnation de la génétique comme science bourgeoise métaphysique et idéaliste par le stalinisme, ou plus récemment à la tentative de certains sociobiologistes de réduire l'homme et l'histoire à leur soubassement biologique et animal, enfin à la philosophie scientiste et réductionniste largement répandue du « tout génétique » qui cherche dans nos gènes l'explication ultime de ce que nous sommes. Comment dès lors l'honnête homme d'aujourd'hui, le citoyen interpellé et responsable, peut-il ne pas être effrayé par les développements de cette science ? Comment peut-il s'y reconnaître, et construire pour lui-même une vision rationnelle du vivant sans laquelle sa participation aux débats en cours est illusoire ?

Durant les vingt dernières années, des progrès considérables ont été réalisés dans la connaissance et la maîtrise du vivant, particulièrement en génétique et au niveau moléculaire. Ils ouvrent des perspectives exaltantes dans de nombreux domaines, de la santé à l'environnement. Et régulièrement sont publiées de remarquables recherches et expériences que l'on ne pouvait envisager jusqu'alors. Or, toute découverte, qu'elle soit fondamentale ou technique, a toujours plusieurs conséquences. Elle offre un nouveau pouvoir, une nouvelle possibilité d'action et agrandit en cela l'espace des libertés : la possibilité pour un couple infertile d'avoir un enfant, la synthèse par une bactérie transformée de molécules médicaments comme l'insuline ou l'hormone de croissance, la création d'espèces végétales à haut rendement. Simultanément, elle engendre des risques nouveaux liés à sa mise en œuvre : d'éventuels dommages médicaux, écologiques ou socio-économiques. Elle peut aussi être détournée à des fins condamnables moralement et humainement, particulièrement aujourd'hui où la recherche scientifique est en partie aux mains de grands groupes privés multinationaux pour lesquels la quête du profit maximum dans les plus courts délais ne fait pas toujours bon ménage avec l'intérêt général : brevets déposés sur les gènes confisquant la connaissance, recherches orientées vers les seuls domaines rentables, ventes de gamètes humains ou refus des médicaments génériques. De plus une découverte est toujours importante sur le plan théorique ; elle modifie notre vision du vivant et améliore la conception que nous avons de nous-mêmes : la connaissance de la mort cellulaire programmée a totalement renversé la perspective, et nos idées sur la vie en sont bouleversées ; celle des cellules souches a démontré l'extraordinaire plasticité du vivant, insoupçonnée il y a quelques années encore ; la pratique des transferts de noyau a fait entrer l'évolution des espèces dans sa phase expérimentale et prouve l'absolue subordination de l'information génétique vis-à-vis du cytoplasme, ce qui nous oblige à revoir la notion de programme génétique, ou celle de barrière génétique entre les espèces qui, d'infranchissable, devient si perméable qu'elle apparaît maintenant courante et banale. Au bout du compte la biologie, tant par son savoir que par ses applications, pénètre et travaille profondément l'ordre social : elle est un des moteurs de l'évolution individuelle de chacun autant que de celle, collective, de nos sociétés. On l'a bien vu avec les conséquences en chaîne qu'a provoquées, à partir des années 1970, la maîtrise hormonale de la fécondité humaine et de la procréation : changements dans la condition matérielle des femmes, dans leur psychologie et leur comportement ; effets induits dans la sphère masculine et remise en cause des relations entre les sexes. On le voit aujourd'hui avec l'impact explosif et global des OGM sur notre société mêlant économie, idéologie, éthique, politique, embrouillant peurs naturelles et préjugés culturels.

La bioéthique, que l'on peut définir comme la morale relative à nos actions sur le vivant, concerne la réflexion et la façon de diriger nos conduites face aux retombées des progrès de la connaissance. Elle s'est développée à partir des années 1970 pour tenter de répondre aux questions de société nées des avancées de la biologie, de la médecine et des biotechnologies. L'éthique, aussi ancienne que la morale dont elle est proche, traite des valeurs, du bien et du mal. Elle penche vers la philosophie. La bioéthique est tout autre : elle impose un dialogue entre deux univers sémantiques différents, celui qui traite du réel et recherche le vrai, celui qui réfléchit sur le sens des choses et de la vie. Elle tente de répondre à des questions concrètes et ouvre sur la politique et sur le droit, les éclaire sans leur commander. Le Code de Nuremberg de 1947 qui, en réaction aux expériences criminelles de médecins nazis sur des prisonniers a posé des limites à la recherche biomédicale, constitue sa référence fondatrice, et en quelques décennies seulement, elle a acquis son autonomie, sa logique et sa place dans nos sociétés. « Soit une découverte. Elle peut apporter le bonheur, sauver la vie. Elle peut aussi inspirer des applications dangereuses. La bioéthique s'efforce de permettre les bienfaits, de limiter les périls. Elle n'est en rien une métaphysique. C'est une discipline pragmatique ». Ces mots, du grand professeur humaniste Jean Bernard, premier président du Comité Consultatif National d'Éthique (CCNE) créé en 1983 par le président François Mitterrand, soulignent que la bioéthique a moins pour objet de définir des a priori moraux et d'apporter une réponse globale que de répondre à des questions concrètes. C'est une morale de l'action, une morale en situation. Elle a pour fondement « l'inconditionnel respect de l'homme en tous les humains et en chacun » (Lucien Sève), le respect de la personne humaine et de sa dignité, mais elle se refuse à donner des recettes toutes faites. Elle sait que les justes choix ne se déduisent pas automatiquement des grands principes et des normes préétablies. Elle parle « morale sans moralisme ». Elle prend le monde tel qu'il est et recherche des accords évolutifs, sans cesse renouvelés, en fonction d'une part des progrès dans la connaissance, d'autre part de l'état des mœurs et des opinions. Elle n'est jamais close, s'interroge toujours et alimente en permanence le débat démocratique dans nos sociétés.

Fondée sur l'exigeant respect d'autrui, la bioéthique est par essence pluridisciplinaire et pluriculturelle. Elle revendique une approche plurielle pour « vivre et travailler ensemble » et construit une logique d'argumentation visant à développer un esprit critique face à des progrès dont les conséquences sont toujours ambivalentes. Elle puise dans les religions, les philosophies, les sciences, l'histoire, le droit… et elle débouche directement sur la politique. La biologie est première et son usage soulève les problèmes, la bioéthique suit, la politique s'en empare et par ses représentants élus, énonce le droit et vote les lois, l'idéologie coiffe le tout. Constitué de quarante membres, parmi lesquels des biologistes et des médecins, des philosophes, des religieux, des juristes, des représentants des partis, syndicats et associations, le CCNE est une structure indépendante et consultative, ce qui lui donne une grande liberté de raisonnement et de proposition. Souvent à la demande d'élus, de responsables divers, de membres du gouvernement et de l'État, il émet des avis et des recommandations qui, rendus publics, animent la discussion. Mais ses propositions, par exemple sur l'embryon ou le clonage thérapeutique, ne sont pas toujours suivies par les instances politiques.

Les questions de bioéthique sont à la mode, mais elles sont difficiles, et le débat, qui pourtant concerne chacun d'entre nous, reste trop souvent cantonné dans la sphère des spécialistes et dans les médias, soumis à la logique discutable de ces derniers. Les enjeux sociaux, économiques et financiers sont considérables, les pressions sont fortes, les passions exacerbées, les procès d'intention fréquents. Les obstacles sont psychologiques, culturels et économiques. Les présupposés plus ou moins inconscients font que chacun entend les mots à sa manière et confond ou feint de confondre des notions essentielles : cellule souche et embryon, embryon et fœtus, fœtus et enfant, but et fonction, projet et programme, code et information, programme génétique et programme d'ordinateur, clonage thérapeutique et clonage reproductif, être humain, individu et personne… Lorsque l'article 16 de notre Code civil affirme par exemple que « la loi garantit le respect de l'être humain dès le commencement de sa vie » il n'y a aucune ambiguïté : sur le plan du droit le début de la vie est la naissance avec laquelle s'acquiert le statut de personne humaine. La Cour de cassation, plus haute instance juridique de France, l'a réaffirmé récemment, en énonçant : « l'homicide involontaire ne peut être étendu à l'enfant à naître ». Et cependant, combien d'interprétations tendancieuses et de confusions feintes, avec souvent quelque intention cachée qui n'ose pas s'exprimer au grand jour, sur la condamnation de la contraception ou la remise en cause de l'avortement par exemple.

L'objectif de cet ouvrage est de mettre en perspective la biologie et la bioéthique. Sur le versant biologique : dégager les points consensuels et les îlots de vérités incontournables ; bien montrer leurs limites et leurs incertitudes ; repérer les différentes opinions et théories ; débusquer les faussetés de langage et les visions erronées ; analyser les applications possibles et leurs conséquences. Sur le versant bioéthique : sortir le débat du cercle des initiés ; confronter les différentes approches ; rechercher leurs racines philosophiques et religieuses ; dégager de possibles consensus. Et de l'un à l'autre, en aller-retour ou au point de rencontre, faire apparaître les intérêts et les logiques à l'œuvre, les pressions de tous ordres, et la vision la plus intime et la plus personnelle que nous avons de la vie, de nous-mêmes, et de la place de l'homme dans la nature. Il s'agit donc de confronter et de mettre en regard cette science si particulière qu'est la biologie avec les choix moraux que sa pratique engendre. Où se nichent les difficultés et les responsabilités ? Dans la science, même parasitée par tant d'idées fausses et d'illusions ? Dans les utilisations qui en sont faites ? Ou dans les représentations symboliques erronées que nous avons du monde ?

Une position éthique ne se déduit jamais d'une connaissance scientifique. Il ne s'agit pas de demander à la science plus qu'elle ne peut donner, ou de rechercher les justifications de nos propres opinions dans les lois de la nature qui deviendraient la source de nos jugements, mais au contraire de bien distinguer ce qui relève du fait scientifique objectif et incontestable d'un côté, et de l'autre ce qui tient à un choix moral librement exprimé. Il s'agit davantage de poser des questions et de faire émerger des problématiques, plutôt que de donner des réponses qui par principe, dans ces domaines fluides, sont rarement définitives. Les problèmes scientifiques et techniques, psychologiques et affectifs, moraux et sociologiques, économiques et politiques, sont si étroitement imbriqués qu'il devient urgent de clarifier les conditions capables de permettre à chacun un choix véritable et lucide. Parmi elles, la première est certainement de savoir ce dont on parle. À défaut, tout débat éthique serait vain. Et ce n'est en rien une affaire de spécialistes car ce qui compte n'est pas l'accumulation de connaissances ponctuelles, sans intérêt, et qui n'en finit jamais, mais la juste maîtrise des notions de base en débat aujourd'hui. C'est pourquoi cet ouvrage voudrait s'adresser en priorité à tous ceux pour qui les sciences paraissent, mais à tort, difficilement accessibles.

Au demeurant, quelques notions et thèmes seulement, certes essentiels et difficiles à cerner parce qu'envahis et déformés par diverses idéologies, sont au cœur des débats actuels : *la vie et le vivant, la mort et le mourant, l'embryon et le fœtus, le gène et le programme, l'environnement et la nature.* Nous consacrons un chapitre à chacun d'eux, avec toujours à l'arrière-plan, *l'individu et la personne.*

Chapitre I

LA VIE, LE VIVANT, LE MYSTÈRE ET LE SACRÉ

Seguire virtude e conoscenza (Obéir à la vertu et au savoir)
Dante

S'il est un mot chargé d'ambiguïtés et d'ambivalences, c'est bien le mot *vie*. La vie de chacun de la naissance à la mort, la vie animale, la vie humaine, la vie terrestre, la vie spirituelle, la vie future et éternelle… on sent bien les confusions possibles. D'autant plus que ce mot nous ramène toujours à notre propre existence, et à notre ego. La biologie s'intéresse quant à elle *aux propriétés et caractéristiques, aux mécanismes et aux lois que présentent tous les êtres vivants*, de la bactérie à l'éléphant et de la mousse à l'homme. Et sur ce plan nos conceptions ont bien changé. On peut dire qu'il n'y a plus guère aujourd'hui de mystère : la connaissance des outils et des processus de fonctionnement du vivant, et en conséquence leur maîtrise et leur manipulation au service de fins multiples, sont telles qu'elles posent justement la question de leur bonne utilisation au service de l'homme. Mais c'est une très longue histoire qu'il faut rappeler pour mieux comprendre.

DIEUX, MYTHES ET LÉGENDES : LA PENSÉE MAGIQUE

Pour se nourrir et pour se protéger, pour pratiquer la cueillette et la chasse, puis la culture et l'élevage, nos lointains ancêtres ont forcément acquis et transmis des connaissances concrètes d'ordre biologique. Le besoin d'explication étant universel, se sont aussi posées à leur esprit des questions générales sur la vie, la mort et la sexualité, comme en témoignent les peintures, gravures et figurines qu'ils nous ont laissées. De l'impossibilité objective de fournir une réponse rationnelle sont nés dans l'Antiquité les multiples dieux maintenant l'ordre et l'harmonie du monde. À la fois images et modèles des comportements humains, réconfort spirituel et dernier recours, moyen aussi d'accéder et de conforter des pouvoirs bien humains, les dieux et les mythes fondateurs ont traversé les temps. La personnalisation de la nature et de tous les phénomènes de la vie, les exploits des héros, les récits fabuleux au contenu symbolique, les légendes et la mythologie reflètent tout à la fois la crainte de l'homme devant des forces qui le dépassent, son angoisse existentielle, le constat de son impuissance, ainsi que son imaginaire, ses aspirations et les principes sur lesquels il fonde sa vie et les relations avec ses semblables.

De ce fonds populaire ont aussi émergé, dans la Grèce classique, *les principes du raisonnement logique et les premières ébauches des futures sciences*. Mathématiques et médecine surtout y connaissent un développement important. Mais les branches du savoir ne sont guère individualisées : « science », « philosophie », « éthique », « politique », sont si étroitement mêlées qu'elles marchent du même pas et sont indistinctes comme l'illustre le fameux serment d'Hippocrate ou le succès de la métaphysique qui recherche les causes et les principes premiers du monde. Autant dire que la conception du vivant relève plus de la spéculation que de l'analyse des faits. L'œuvre dominante est celle d'Aristote qui imagine *la Vie* comme un principe immatériel animant la matière, et *la Nature* comme ordonnée par une intelligence suprême en vue d'un but, *l'Homme*, d'où la primauté qu'il accorde aux fameuses « causes finales ». « La Nature est ordonnée par une intelligence suprême en vue d'un but... L'Homme est le but de la Nature » écrit-il. Animisme, finalisme et anthropocentrisme persistent et l'histoire de la biologie se résume en partie dans leur élimination progressive.

TRANSGRESSION ET EXPÉRIMENTATION : LA NAISSANCE DE LA BIOLOGIE

Durant le Moyen Âge les civilisations arabes et noires sont florissantes et cultivent l'esprit rationnel, mais ce n'est qu'à la Renaissance, aux 16e et 17e siècles, que naissent en Europe les premières sciences biologiques véritablement structurées en branches spécialisées du savoir. Les raisons de ce bond en avant sont multiples : une Europe diverse où chaque peuple cultive sa différence ; le passage de la société féodale à la société bourgeoise et marchande ; les premières grandes concentrations dans les villes et les premières épidémies ; le retour à l'Antiquité grecque ; la libération commençante de la dictature spirituelle de l'Église et une plus grande liberté conquise par les individus ; les grands voyages rapportant plantes et animaux et ouvrant l'esprit sur le monde ; les communications et les échanges culturels entre pays, voire même les guerres ; l'imprimerie, enfin. Dans ces conditions les premières sciences biologiques à se développer sont les plus simples, *les sciences d'observation et de classification* : morphologie et anatomie, zoologie et botanique. On décrit et l'on classe, les collections et les herbiers fleurissent. En 1530, François Ier crée le Collège royal, aujourd'hui Collège de France. En 1556 s'ouvre à Montpellier le premier amphithéâtre d'anatomie. Et l'on dissèque des cadavres, en se cachant plus ou moins. Car l'Église crie à la transgression des interdits fondateurs et poursuit les contrevenants. Ainsi, alors même qu'elle est généralement pratiquée par des hommes d'Église qui cherchent dans le vivant une justification à leur foi, la biologie dès sa naissance s'oppose au dogme religieux. Et, comme l'astronomie avec Galilée ou la philosophie avec Giordano Bruno, très vite elle a ses martyrs : Michel Servet, pour avoir pensé que les premiers hommes « marchaient à quatre pattes comme des bêtes » est poursuivi par l'Inquisition et brûlé vif en place publique sur ordre de Calvin en 1553.

Le 17e siècle voit *la construction progressive et méthodique de l'esprit scientifique.* La confiance dans la raison et l'esprit critique se développent et Descartes, avec son *Discours de la méthode* et son doute obligé, porte le dernier coup fatal à l'autorité des Anciens. L'usage du microscope, issu des travaux de Galilée, élargit considérablement le champ d'observation : Hooke en 1665 repère de petites cases dans le liège et les nomme cellules ; Leuwenhœck en 1674 voit dans le sperme une multitude « d'animalcules », rapides et mobiles, et révèle en outre le monde insoupçonné des microbes. Réaumur invente quant à lui *l'expérimentation* et apparaît ainsi comme le véritable précurseur de la physiologie expérimentale. Il fait avaler des tubes métalliques perforés à ses volailles pour étudier l'impact du suc gastrique dans la digestion. Il sépare donc les facteurs, mécaniques et chimiques, agit volontairement pour perturber le phénomène naturel et en mesurer les effets ; il émet des hypothèses qu'il soumet au verdict de l'expérience et de la répétition. C'est là *une véritable révolution conceptuelle* qui dorénavant restera toujours au cœur de la démarche scientifique expérimentale caractéristique des sciences du vivant.

« FORCE VITALE » CONTRE « ANIMAL MACHINE » : LE RÈGNE DE LA MÉTAPHYSIQUE

Le 18e siècle, le « Siècle des Lumières », celui du machinisme et des progrès techniques, voit s'affronter la démarche scientifique, qui s'impose, et les vieilles conceptions spéculatives qui refusent de mourir. La démarche expérimentale et le raisonnement scientifique passionnent « l'honnête homme » qui participe aux débats entre savants. Trembley découpe une hydre en mille morceaux et découvre la régénération, ce qui n'est pas sans surprendre. Bonnet met en évidence la parthénogenèse chez le puceron, ce qui épate et inquiète. L'abbé Spallanzani étudie la reproduction des grenouilles et réalise des expériences d'une grande sagacité : il revêt les mâles de petits « caleçons imperméables de taffetas ciré », récupère la liqueur séminale et montre que son contact direct avec les ovules est indispensable au développement. Il réalise ainsi les premières fécondations in vitro, mais, aveuglé par les conceptions régnantes et ses propres croyances, il refuse d'admettre le rôle équivalent des deux sexes. Pour lui, le nouvel être est entièrement préformé dans l'œuf et le spermatozoïde a pour seule fonction de « le manifester par l'exhalaison d'une aura seminalis » bien mystérieuse !

C'est que le 18e siècle reste en biologie *le règne de la métaphysique* si l'on entend par là la projection sur le vivant d'*a priori* idéologiques ancestraux et le refus aveugle de faits et de résultats expérimentaux pourtant largement établis. Ce qui domine est *le vitalisme* selon lequel tous les processus du vivant sont régis par « la force vitale » et « la spontanéité vitale », par essence inaccessibles à notre raison et responsables de toutes les étrangetés et facéties des êtres vivants. La « Vie », le mot est alors écrit avec une majuscule, est considérée comme une force immatérielle, extérieure à la matière, l'animant et lui donnant le mouvement. « J'appelle principe vital la cause qui produit tous les phénomènes de la Vie » écrit Barthez en 1780. Et qu'on la nomme *archée, entéléchie, souffle, élan vital ou vis vitalis,* la vie est toujours comprise comme une force immanente et mystérieuse. La religion imprègne les esprits et lorsque Linné vers le milieu du siècle établit la nomenclature binominale et classe méthodiquement les espèces vivantes, il pense « faire œuvre divine » et il écrit : « il y a autant d'espèces que l'Être infini en a créées à l'origine ».

Sur le plan philosophique cependant, le matérialisme, né lui aussi chez les Grecs, et pour qui n'existe rien d'autre que la matière, est aussi ancien que l'idéalisme pour qui prime l'esprit, réalité immatérielle, indépendante et supérieure. Se voulant réplique aux métaphysiciens, la vision matérialiste est alors celle de l'« *animal-machine* », illustrée par le célèbre canard de Vaucanson, capable apparemment de se dandiner, de manger et de battre des ailes. Descartes donne le ton : le corps humain est pour lui un automate entièrement séparé de l'âme, la chaleur en est le moteur, le sang le grand ressort, et « les esprits animaux » les fines émanations qui parcourent les nerfs et dilatent le cerveau. La Mettrie enfonce le clou en généralisant au vivant tout entier dans une optique radicalement matérialiste. Mais c'est un bien triste matérialisme celui, réductionniste, qui, parce qu'il reflète la science mécanique des horloges alors en plein essor, pense pouvoir ramener totalement le vivant aux seules propriétés et lois de la physique et de la chimie et l'identifier au bout du compte à la machine. Certes le vivant obéit à toutes les lois de la manière inerte, celle de la chute des corps comme celles des transformations d'énergie, mais en rester là serait faire l'impasse sur les lois spécifiques de son propre niveau d'organisation. Ce *matérialisme mécaniste* va pourtant traverser les siècles, avec Lavoisier pour qui la respiration est une « combustion lente » et le vivant comparable à une machine à vapeur brûlant du charbon et rejetant de la chaleur ; avec Marcellin Berthelot cherchant à reproduire « toutes les métamorphoses chimiques que la matière éprouve au sein des êtres vivants » ; et aujourd'hui encore avec la volonté de ramener le fonctionnement du cerveau à celui d'un ordinateur : pour les fêtes, les publicités nous disent qu'on peut offrir un « robot vivant », voire une « machine intelligente » !

Remarquons enfin qu'une telle vision réductrice est le pendant symétrique d'une autre qui étend le vivant à la matière inerte et le noie tout autant dans la confusion. « Tout animal est plus ou moins homme, tout minéral est plus ou moins plante, toute plante est plus ou moins animal... Depuis la molécule jusqu'à l'homme, il y a une chaîne d'êtres qui passent de l'état de stupidité vivante jusqu'à l'état d'extrême intelligence » écrit Diderot vers 1750. Et un autre auteur, constatant que dans de bonnes conditions un cristal s'accroît : « les minéraux ont tous les organes et toutes les facultés nécessaires à la conservation de leur être, c'est-à-dire à leur nutrition ». Le métal vit aussi puisque « ses excréments sont la rouille ». Plus poétiquement Gérard de Nerval exprimera la même idée : « *Homme, libre penseur, te crois-tu seul pensant. Dans ce monde où la vie éclate en toutes choses ? Respecte dans la bête un esprit agissant. Un mystère d'amour dans le métal repose.* »

On le voit, pour devenir adulte, et pour cerner les limites et l'originalité du monde vivant, la biologie devra encore franchir bien des obstacles.

DÉTERMINISME ET ÉVOLUTION : LE TRIOMPHE DE LA BIOLOGIE

Ce n'est qu'au 19e siècle que se précise enfin la notion de vie et dès lors la biologie s'extirpe des miasmes philosophiques et idéologiques qui l'encombraient pour devenir une science à part entière, autonome, mettant en œuvre ses propres méthodes et techniques d'investigation. *Le mot biologie est créé en 1802* : désormais on regroupe dans un même ensemble des objets aussi différents qu'un gros mammifère et un poisson, une herbe et un arbre, un microbe et une bactérie, et l'homme lui-même qu'on refusait jusque-là de considérer comme un animal en raison de son « essence divine ». Il a donc fallu des siècles et des siècles pour atteindre une capacité d'abstraction qui fasse enfin émerger l'unité du vivant et le distingue radicalement du monde inerte. Désormais la confusion n'a plus lieu d'être, sauf peut-être encore dans certains esprits et, au sein même du vivant, pour des êtres comme les coraux ou les éponges que l'on persiste à considérer comme des végétaux.

Le 19e siècle voit sauter un à un les grands verrous idéologiques qui dominaient jusqu'alors, freinant la connaissance. La « force vitale » est progressivement évacuée, en particulier avec les premières synthèses en laboratoire de molécules organiques comme l'urée, que l'on croyait inaccessibles à l'expérimentation. La « spontanéité vitale » fait place au *déterminisme* qui s'avère régler le fonctionnement du vivant de manière aussi rigoureuse qu'ailleurs, selon la formule de Claude Bernard : « il y a un déterminisme absolu dans toutes les sciences ». *L'unité du vivant* s'impose avec l'acceptation de la théorie cellulaire, étape majeure de l'histoire de la biologie. Les premières cellules ont été vues en 1665, le noyau en 1831, mais ce n'est qu'en 1855 qu'est admise l'idée que toute cellule provient d'une autre cellule. La croyance en « la génération spontanée » qui depuis l'Antiquité considère que les êtres vivants naissent des putréfactions et des fermentations est mise à bas par les admirables travaux de Pasteur. Il aura donc fallu deux siècles pour *vaincre les obstacles culturels s'opposant à l'idée d'unité et de continuité du vivant.* Et surtout, avec la géologie, le temps fait son entrée en biologie, car jusque-là, imprégné de culture biblique, l'homme ne pouvait imaginer des durées supérieures à 5 000 ou 6 000 ans. Dès lors l'idée *d'évolution biologique* peu à peu s'impose et porte un coup fatal aux théories dominantes, fixisme et créationnisme. Lamarck, au début du siècle, créé le concept et Darwin, en 1859, avec *l'Origine des espèces* emporte l'adhésion du public éclairé. Mais le vitalisme se réfugie dans les secteurs encore méconnus comme l'hérédité et conteste, encore et encore, les acquis scientifiques. Il faudra attendre le milieu du 20e siècle pour que Teilhard de Chardin s'efforce de concilier les exigences de la science et celles de la foi catholique, et se prononce pour un évolutionnisme du croyant, dont Dieu est le point initial et final, « l'alpha et l'oméga ». En 1962 encore, le Saint-Office exhorte les responsables de l'enseignement religieux à « défendre les esprits, particulièrement ceux des jeunes, contre les dangers des ouvrages du Père Teilhard et de ses disciples ».

Le 19e apparaît ainsi en biologie comme le siècle de la lutte entre cléricaux et anticléricaux. La science triomphe, d'autant plus qu'elle colle au développement apparemment sans limites du capitalisme et qu'elle est identifiée par tous au progrès social et économique de l'humanité.

GÉNÉTIQUE ET BIOLOGIE MOLÉCULAIRE : LA MAÎTRISE DU VIVANT

Le 20e siècle est sans conteste celui du *développement de la génétique et de la biologie moléculaire.* Après la cellule, c'est la molécule qui devient la cible de toutes les recherches. Les découvertes s'enchaînent : les hormones, les groupes sanguins puis tissulaires, les antibiotiques, les anticorps et les molécules de l'immunité, celles du dialogue entre cellules, les neurotransmetteurs, les facteurs de croissance et leurs récepteurs membranaires... Comme une boule de neige, la science progresse de plus en plus vite. L'hérédité est cernée puis comprise. La génétique s'impose et envahit le champ social. L'aventure est marquée dialectiquement par un triple mouvement : *l'éclatement en de nombreuses branches spécialisées*, le savant en sait toujours plus dans un domaine toujours plus restreint, on dit qu'il finira « par tout savoir sur rien » ; *l'interpénétration des sciences* : sans la robotique, la miniaturisation et l'informatique, et aujourd'hui sans les nanotechnologies, pas de séquençage des génomes et pas d'images fonctionnelles des protéines ; *la convergence vers une compréhension synthétique* et unique de tous les processus vitaux, illustrée par le succès de la biologie dite moléculaire. Les applications sont nombreuses et la médecine en bénéficie largement : l'espérance de vie double en quelques dizaines d'années seulement. *Les biotechnologies*, l'ensemble des pratiques à finalité humaine qui utilisent, exploitent et transforment le vivant, sont florissantes, particulièrement avec l'explosion du *génie génétique* dans les trente dernières années.

Aujourd'hui, la biologie poursuit sa marche, plus que jamais impliquée dans les questions et les problèmes qui agitent notre société. La distinction entre recherche fondamentale et appliquée s'estompe, comme disparaît la démarcation entre science et technique. La *technoscience* s'impose et la recherche publique se voit concurrencée par de grandes firmes privées internationales qui cherchent à en monopoliser les applications. Sur le plan de la connaissance, on sort peu à peu du « tout moléculaire » pour accéder à une vue plus globale et plus synthétique. Ce qui importe dorénavant, ce sont les réseaux de gènes et leurs interactions fonctionnelles avec les éléments cytoplasmiques et l'environnement. Une nouvelle vision de la complexité émerge peu à peu.

LES DONNÉES CONSENSUELLES : LE VIVANT SANS MYSTÈRE ?

« Le vitalisme a perdu toute fonction. On n'interroge plus la vie aujourd'hui dans les laboratoires », écrit François Jacob. « La vie n'existe pas ! » ajoute Ernest Kahane. La vie n'est pas immatérielle. Débarrassé de toute essence métaphysique, le mot est aujourd'hui coupé de toute idée de transcendance. La biologie, comme toute science, est devenue matérialiste, à condition d'entendre le mot matière dans toute son étendue et sa complexité, ainsi que sous toutes ses formes y compris vivantes.

On ne peut pas définir la vie par *un seul critère*, fût-il essentiel. Le mouvement ? Mais les nuages eux aussi se déplacent. L'énergie ? Mais un moteur aussi la transforme. La croissance ? Mais les cristaux grossissent aussi. La naissance et la mort ? Mais les étoiles et les planètes aussi ne sont que de passage. La vie n'est pas *la qualité intrinsèque* d'une matière déterminée comme l'est la phosphorescence à l'égard du phosphore ou la radioactivité de certains atomes. Elle est le mode d'existence d'une matière complexe, une façon d'être et de se maintenir, *une unité structure-fonction-milieu indissociable*, tout à la fois *auto-organisation, auto-renouvellement, auto-régulation, auto-reproduction et auto-variation.*

La biologie actuelle cerne au plus près les caractéristiques obligées du vivant. D'abord, *l'individualisation* par rapport au milieu : ne peut être vivante qu'une structure qui s'isole de son environnement, s'en protège, et entre en échanges de matière, d'énergie et d'information avec lui. *L'organisation et la complexité* ensuite : la cellule n'est pas un sac de billes, les éléments y sont certes importants, assurant telle ou telle fonction vitale, mais plus encore ce sont les relations, les communications et les interactions qui en font un tout intégré manifestant des propriétés radicalement nouvelles. *Le mouvement et le dynamisme* aussi : rien n'est moins stable, rien n'est moins figé qu'une cellule, univers incroyable, tourbillon fugitif, où des millions de molécules se heurtent les unes aux autres des millions de fois par seconde. Et, de ce fouillis permanent surgissent et s'imposent des suites réactionnelles stables sans cesse répétées, faites de multiples réactions biochimiques, chacune accélérée par un catalyseur spécifique appelé enzyme. Ce qui est au cœur du vivant dès son origine est bien *le métabolisme,* mélange explosif de processus antagonistes, les uns conduisant aux synthèses les autres à la dégradation, dont la balance oscille toujours au cours du temps. Pour simplement exister, pour renouveler ses structures, la cellule consomme en permanence l'énergie puisée dans le milieu, la transforme pour n'en piéger qu'une faible part, et libère de la chaleur vers l'extérieur. C'est *un système thermodynamique ouvert en état stationnaire,* mais loin de l'équilibre, traversé en permanence par un flux unidirectionnel de matière et d'énergie. Et quels que soit l'image ou le formalisme mathématique employés, structure « dissipative », structure « chaotique », « entre le cristal et la fumée », l'idée reste la même : « nos corps coulent comme des ruisseaux », la cellule et toute structure vivante aussi.

Enfin et surtout, tout ce que nous qualifions de vivant détient toujours *une information génétique* capable à la fois d'être transmise au cours des générations et d'être exprimée c'est-à-dire lue et traduite par la machinerie cellulaire. Inscrite dans les acides nucléiques, cette information n'est rien sans le cytoplasme qui la commande et l'exploite. Elle est transmise et se perpétue à la fois semblable et différente, ce qui donne prise à la sélection et permet l'évolution. Si elle ne présentait pas une certaine stabilité, les espèces n'existeraient pas : d'un œuf humain pourrait sortir un baobab ou une petite souris ! Et si elle ne présentait pas une certaine variabilité, il n'y aurait pas évolution, le monde serait une gigantesque masse bactérienne homogène, et nous ne serions pas là pour en parler ! À l'évidence le maintien fidèle de la mémoire génétique est une nécessité absolue pour la survie à court terme dans des conditions données. La survie à long terme exige au contraire une variation qui puisse permettre une adaptation à un environnement changeant. Car le milieu change toujours, ne serait-ce que par l'action des êtres vivants eux-mêmes, et parce que la Terre est une planète active, une gigantesque machine thermodynamique qui lière sa chaleur dans l'espace ce qui déplace les plaques lithosphériques et modifie les climats, les reliefs et les paysages.

DES SENSIBILITÉS ET DES APPROCHES DIFFÉRENTES

Deux tendances, deux attitudes méthodologiques finissent par s'opposer : le point de vue synthétique, ou globaliste, qui s'intéresse aux systèmes complexes ; le point de vue analytique ou moléculaire, qui isole les éléments du tout et cherche à expliquer le vivant par la seule physicochimie. Plus que sur les éléments eux-mêmes, le premier met l'accent sur les relations et les échanges d'information qui font émerger des propriétés et des logiques nouvelles spécifiques des différents niveaux d'organisation et de fonctionnement. Le second au contraire décompose la complexité aussi loin que possible pour rendre compte du vivant en termes de molécules et de leurs interactions ; le succès de la biologie moléculaire et surtout sa capacité à agir sur le vivant, en sont l'illustration.

Ces deux courants perdurent aujourd'hui, et se livrent des batailles qui ne sont pas toujours dépourvues de sous-entendus, tant leurs connotations philosophiques sont évidentes. L'attitude globaliste conduit en effet tout droit aux *philosophies idéalistes* (ou en provient directement), car on passe bien vite de l'idée d'émergence d'une nouveauté, qualité apparue *de novo* et qui domine les éléments sous-jacents, qui est donc située « au-dessus », à l'affirmation d'une transcendance coupée de sa base matérielle. L'atome d'hydrogène (ou celui d'oxygène), corseté qu'il est au sein de la molécule d'eau, pourrait lui aussi localiser dans celle-ci un esprit dominant qui l'écrase et le détermine ! De même que le gène, sollicité ou éteint par les signaux cytoplasmiques, pourrait se croire voué à l'immanence cellulaire et être le jouet d'un esprit directeur ! L'abeille butineuse et travailleuse enfin, castrée par les phéromones qu'elle absorbe en léchant la reine, pourrait voir dans la ruche une force mystérieuse gouvernant son destin.

De l'autre côté, la démarche analytique et la forme de matérialisme qu'est le *réductionnisme* s'alimentent et se fécondent réciproquement. Le vivant, comme l'Univers, semble se ramener aux interactions de quelques particules élémentaires seulement, mises en mouvement par quelques forces fondamentales. Une particule en plus ou en moins, une nouvelle *théorie des cordes,* « un dessein intelligent » ou un « principe anthropique » admis, et le tour est joué : plus de mystère, le « grand Tout » est en passe de livrer ses ultimes secrets ! Répétons donc que la science n'a pas cette ambition : modèle toujours imparfait et toujours à reprendre, le reflet qu'elle construit de la réalité n'a rien à voir avec ces visions idéologiques qui pensent tout englober et répondre à toutes les interrogations.

Mais ces visions alimentent *incertitudes et questions,* et l'on discute pour savoir où commence réellement le vivant, et d'ailleurs aussi où il finit. « Pour moi, le terme de vie correspond à la cellule vivante » dit Axel Kahn. « Tout a commencé par l'apparition de la molécule d'ADN » répond Albert Jacquard ». *Les virus sont-ils vivants ?* Faits de quelques molécules seulement, incapables d'échanges et de métabolisme, multipliés par la machinerie d'une cellule hôte, ils ne sont pour les uns que des « éléments génétiques mobiles » ayant quitté leurs cellules. Pour les autres, ils sont les formes les plus simples du vivant, parmi les premières apparues, capables de parasiter des cellules pour survivre et se multiplier. Et *les prions, sont-ils vivants ?* L'agent infectieux des encéphalopathies spongiformes (maladie de la vache folle ou de Creutzfeldt-Jacob) est une protéine cellulaire pouvant adopter une conformation pathologique qui, ensuite, convertit la forme normale en forme infectieuse. C'est le fameux « baiser de la mort ». Le prion « se reproduit » ainsi de manière autocatalytique et exponentielle en fabriquant des structures qui lui ressemblent. Certains veulent y voir un processus analogue à la réplication de l'ADN, et en conséquence « une forme de vie », ou plutôt les vestiges reliques d'une vie primitive uniquement basée sur les protéines. Enfin, peut-il exister, ailleurs, *des formes de vie différentes* ? Sur terre, la vie est à base d'eau et de carbone, mais... place au rêve : certains imaginent d'autres formes construites avec du silicium et des acides, ou reposant sur autre chose que nos acides aminés ou nos acides nucléiques, des argiles par exemple... Évitons de répondre, mais remarquons que la science est moins austère qu'on ne le dit souvent, et qu'elle sait, elle aussi, alimenter notre imaginaire.

Depuis toujours l'homme copie la nature et simule les processus du vivant pour en tirer bénéfice. La mode est aujourd'hui aux robots « doués de vie » et autres machines « intelligentes ». Automates interactifs programmés pour apprendre, capables de s'adapter, modestement, à quelques conditions du milieu, on les imagine dans l'avenir stockant leurs expériences en mémoire, éprouvant des « émotions », se « reproduisant par clonage », et transmettant les informations à leurs descendants... Certes, mais les qualifier de *vivants* ne fait qu'ajouter à la confusion car c'est encore une fois considérer la vie comme indépendante de son support. À l'autre bout, certains considèrent que la planète Terre elle-même, personnalisée dans la déesse *Gaïa*, est aussi une entité vivante. Pourquoi pas alors l'Univers tout entier qui s'enfle chaque jour davantage ? La boucle est bouclée, la nouvelle mythologie est en cours. On le voit bien, plus que des limites objectives, ce sont *les limites de nos propres mots* qui sont ainsi mises en évidence. La vie, décidément, est bien difficile à cerner.

SUR LA VOIE DE L'UNIFICATION

Aujourd'hui, si ces deux traditions, la synthétique et l'analytique, diffèrent toujours par leur objectif et leur langage, elles ne paraissent plus contradictoires, et cela pour plusieurs raisons. La première est que *le vivant est en réalité un continuum,* structuré en différents niveaux d'organisation et de fonctionnement entre lesquels il n'y a pas lieu d'établir une quelconque hiérarchie. Molécules, organites, cellules, tissus et organes, organismes et individus, populations et écosystèmes... entre ces différents étages il y a à la fois totale continuité, et totale discontinuité. Et ce n'est que parce que nous voyons le monde au travers du prisme déformant de notre conscience que nous privilégions tel ou tel secteur, et souvent l'individu, notre reflet. Il nous faut en réalité comprendre la vie dans toute son étendue dans l'espace et dans le temps, dans toute son histoire, et dans toutes ses interactions, aussi bien entre ses éléments qu'avec son environnement.

Une seconde raison est qu'en devenant adulte la biologie est devenue modeste, abandonnant beaucoup de ses connotations philosophiques. Nous l'avons dit : rien à voir entre la démarche scientifique analytique qui décompose le réel, complexe par nature, pour mieux le comprendre, et *le réductionnisme,* conception philosophique qui par principe affirme pouvoir réduire le vivant au physico-chimique et l'humain au biologique. Rien à voir non plus entre l'attitude scientifique globaliste qui cherche à expliquer l'émergence de la nouveauté, et *le dualisme*, conception elle aussi philosophique, qui postule la séparation et la primauté de l'esprit immatériel sur la matière.

Enfin, les sciences du vivant sont aujourd'hui *en voie d'unification autour des grands principes de l'évolution et de la génétique*. Comme souvent en la matière la voie rationnelle était intermédiaire. Après la vision naturaliste des années cinquante, après le « tout moléculaire » de la fin du siècle, on entre dans l'ère d'une vision synthétique et unique. La vie s'inscrit dans l'espace-temps comme le fruit d'une histoire dialectique qui mêle à la fois stabilité et nouveauté.

LE QUESTIONNEMENT BIOÉTHIQUE

L'homme a depuis toujours agi sur les processus naturels qui constituent ce qu'on appelle la vie, sur lui-même et sur les autres vivants : *la médecine et les biotechnologies sont aussi vieilles que l'humanité*. Et avec elles, le questionnement bioéthique. Lorsqu'il a apprivoisé le chien (ou lorsqu'il a été apprivoisé par lui !), lorsqu'il a domestiqué le cochon ou dressé le cheval, lorsqu'il a sélectionné les graines de ses plus beaux plants pour les semer dans son champ, l'homme s'est-il posé la question de savoir si cela était *bien* pour lui et pour le groupe ? La réponse est sans aucun doute affirmative. Lorsqu'Hippocrate, cinq siècles av. J.-C., écrit son fameux serment resté célèbre et tout à fait moderne, il définit les règles fondamentales de *déontologie médicale* : soigner tous les malades, sans distinction de race ou d'opinion, sans jamais profiter d'une éventuelle faiblesse. C'est bien de bioéthique qu'il parle. Et lorsque Pasteur décortique les mécanismes biochimiques des fermentations pour répondre à la demande intéressée des viticulteurs, ou lorsqu'il atténue la virulence des microbes pathogènes par vieillissement des cultures et vaccine le premier enfant contre la rage, cette fois dans l'incrédulité et l'hostilité générales, sait-on alors les bouleversements qui vont en résulter dans l'industrie des boissons alcoolisées, et imagine-t-on les conséquences sans égales pour l'humanité sur l'hygiène, la santé et la vision de nous-mêmes et du monde ? La question est récurrente : a-t-on le droit, comme on le fait depuis toujours, *d'exploiter et d'instrumentaliser le vivant pour en tirer bénéfice ?*

Si la réflexion morale n'est pas nouvelle, elle prend aujourd'hui une toute autre dimension en raison du *changement d'échelle qui s'est opéré dans notre capacité à agir* : les questions sont nombreuses, toujours plus nombreuses, et toujours inattendues, dans des domaines toujours plus étendus : la pratique et la responsabilité médicales, l'expérimentation sur l'être humain et le statut du corps, la maîtrise de la procréation et les questions de familles et de filiation, le début et la fin de vie, les tests et les empreintes génétiques, le génome et les transferts de gènes, l'environnement et le pillage des richesses biologiques, le bioterrorisme… Qu'est-il *bien* de faire ? Que doit-on refuser ? Que permettre et qu'interdire ? Sur ces thèmes il n'est guère possible d'appliquer de manière péremptoire des principes généraux prédéterminés parce que les cas particuliers, par leur singularité même, échappent aux cadres imposés. Le questionnement lui-même évolue. Plutôt que : selon quelles valeurs morales décider ? c'est la question : que faire devant telle ou telle demande concrète ? Quelles limites à ne pas franchir ? Comment *choisir* dans le respect des intimes convictions de chacun ? Quelle solution la plus humainement acceptable retenir ?

CONTRÔLER LA SCIENCE : L'EXIGENCE D'UNE NOUVELLE CITOYENNETÉ

Au bout du compte, ce questionnement sur la biologie, ses pratiques et leurs conséquences, pose celui de la place de la science, ou plutôt des sciences, dans la société. Si la recherche est faite par les seuls scientifiques, elle concerne évidemment, par ses apports théoriques et ses applications, l'ensemble des citoyens. Maîtriser le savoir et le pouvoir qu'elle confère est une des questions essentielles de nos démocraties.

Le droit à la recherche, à la découverte, et l'accès à la connaissance, doivent rester des libertés fondamentales unanimement reconnues. Contrôler la science peut se faire *en amont*, en interdisant certains secteurs de recherche, mais attention, si l'on n'y prend pas garde, à ne pas contrarier la liberté précédemment énoncée ; *en cours*, en réglementant les pratiques de recherche ; *en aval*, en agissant sur les applications. Les lois actuelles dites de bioéthique concernent ces trois volets : les recherches sur l'embryon sont interdites (sauf dérogation) ; l'expérimentation animale est étroitement réglementée ; le clonage reproductif est criminalisé.

Pour que le débat soit de bonne qualité, sérieux et honnête, et ne soit pas défiguré par les exploitations idéologiques, les pressions économiques ou autres, les réactions affectives ou partisanes enfin, quelques précautions peuvent être suggérées. Tout d'abord, éviter qu'il ne soit réservé qu'aux seuls experts, professionnels, « sages » et « spécialistes » en tous genres, et ne reste cantonné en des lieux et structures éloignés de l'ensemble des citoyens, dans « les hautes sphères ». Ensuite, empêcher qu'il soit uniquement abordé dans le cadre des médias dont la logique d'information n'est pas propice à la réflexion et creuse toujours plus le fossé entre un langage scientifique somme toute relativement neutre et un vocabulaire médiatique émotionnel et chargé d'affectivité. Enfin, instaurer une approche authentiquement plurielle et pluridisciplinaire en favorisant la circulation des points de vue différents et contradictoires. L'école a un rôle essentiel à jouer dans sa double fonction dispensatrice de connaissances et formatrice de l'esprit critique et de l'autonomie du jugement. Pourquoi pas une antenne du Comité National d'Éthique dans tous les établissements scolaires de France ? Le réseau Internet peut contribuer aux échanges. Et de nouvelles structures de débat, indépendantes des organisations actuelles, car l'éthique n'est ni la politique, ni la revendication, ni la religion, devraient apparaître. Les « débats-citoyens », les « repas-discussions », la « conférence des citoyens » en France récemment, les « conférences de consensus » ailleurs, en donnent des exemples intéressants.

LE VRAI ET LE BIEN : LA BIOLOGIE N'EST PAS LA BIOÉTHIQUE

La biologie s'est construite en se libérant peu à peu des visions mythiques et religieuses. En cela, elle a mieux défini ses objectifs, ses limites et ses prétentions. Notre ignorance reste grande, particulièrement aux frontières du vivant : d'un côté l'origine de la vie, et, à « l'autre bout » l'activité du cerveau. La biologie s'est rangée : elle ne parle ni philosophie, ni éthique, ni morale. *Elle ne dit rien sur le bien et le mal*, car ce n'est pas dans les lois de la nature que l'on peut trouver la justification de nos propres valeurs morales et de nos jugements. En fait, elle fournit des connaissances, mais ne dit pas ce qu'il faut en faire. Bien sûr les connaissances donnent du pouvoir, et le pouvoir peut être dangereux, mais l'absence de connaissances et le culte du mystère en donnent plus encore, particulièrement dans la manipulation des consciences. La biologie n'a pas pour fonction d'arbitrer entre les croyances, mais de démontrer, *lorsque c'est le cas*, qu'il s'agit de croyances. Elle n'affirme aucune option idéologique, sauf une : le respect de la raison, de l'esprit critique, du doute, et de ce corpus méthodologique et de connaissance que l'on qualifie de *science*. Et si elle est matérialiste et non religieuse, c'est par nécessité scientifique et méthodologique, et par défaut, parce qu'elle ne rencontre pas Dieu qui reste pour elle une hypothèse entièrement gratuite dont elle n'a pas besoin comme le disait déjà Laplace.

PIÈGES ET ERREURS : LES ILLUSIONS PERDUES

Les sciences du vivant nous aident cependant à poser un œil plus distant et à éviter quelques pièges. Le premier est de *mélanger les genres* et de prendre au pied de la lettre des textes saints ou non qui, sous prétexte de « vérités universelles » et parfois « scientifiquement établies », visent toujours et encore à discréditer la science. Le Big bang n'est pas la Création, et la vie est apparue sur Terre sans aucune intervention extérieure... sauf celle des météorites extraterrestres ! Un autre est de privilégier dans l'organisation complexe, spatiale, temporelle et fonctionnelle du vivant, cet « étrange objet » dont nos organes des sens nous disent pourtant la réalité : *l'individu*. Car il n'est que l'apparence : d'abord, il ne s'arrête jamais à ses propres frontières, est toujours en échanges avec le milieu, toujours traversé par un flux énergétique, si bien que la vraie réalité existante est l'ensemble dialectiquement indissociable individu–environnement ; ensuite, il n'est jamais seul, et souvent même n'est qu'une moitié, incapable de transmettre ses gènes sauf à coopérer avec cette autre moitié, son partenaire sexuel ; enfin il est multiple, impensable sans les virus qui sont incorporés dans son génome ou les microbes qui vivent en symbiose avec lui, sans les congénères de sa propre espèce, et sans tous les membres de la biocénose dont il se nourrit ou qui le chassent. Si *culturellement* nous avions privilégié le groupe et le social, le vivant nous apparaîtrait davantage conforme au modèle qu'en donne Jean-Claude Ameisen : « Depuis son origine, l'univers du vivant a réalisé d'infinies variations sur un thème : la construction de sociétés. Innombrables, imbriquées les unes dans les autres, elles donnent l'image d'une structure en fractale. Chaque cellule est une société hétérogène, complexe, qui naît, se reproduit, vieillit, puis disparaît. Ces cellules, ces incarnations élémentaires du vivant, sont elles-mêmes parties intégrantes d'une société composite, une fleur, un oiseau, un papillon ou un être humain, un individu qui naît, se reproduit, se déconstruit et disparaît. Et chacun de ces individus, à son tour, participe à la construction de sociétés d'une infinie diversité, des hordes de loups aux bancs de poissons, des troupeaux de bisons aux escadrilles d'oiseaux migrateurs, des termitières géantes aux tribus de marmottes ».

Une troisième erreur est de projeter *une hiérarchie dans le monde vivant.* C'est à tort que les microbes ou les végétaux nous paraissent d'une qualité de vie inférieure à celle des animaux ou de nous-mêmes. Ils vivent tout autant, avec tout autant et même plus d'intensité, mais ils vivent différemment. Leur histoire, et celle de leurs ancêtres, n'est ni moins riche, ni moins intéressante. Et, en termes de biologie, nous ne faisons pas mieux qu'eux ! Enfin, indéracinable paraît être la tendance que nous avons à concevoir la vie comme une entité autonome, une abstraction ou même une réalité concrète, existant en soi, indépendante de son support. L'idée se nourrit d'elle-même et s'autoentretient depuis le fond des temps. Des expressions comme « donner *la vie* », « perdre *la vie* », en témoignent. Or le singulier est trompeur. *Les vies s'emboîtent comme des poupées russes* : *la vie cellulaire* n'est pas *la vie physiologique de l'organisme* ; celle-ci n'est pas *la vie mentale, psychique et spirituelle du sujet*. De quelle « vie » parle-t-on ? De la seule *vie humaine* ? Mais que veut-on alors signifier ? Chacune de nos cellules est à la fois bien vivante, et bien humaine puisqu'elle nous appartient, à nous, individus humains. Et cependant, avec juste raison, personne ne se préoccupe de son sort, de sa naissance, de son histoire et de sa disparition, au demeurant essentielles à notre existence même.

SENS ET VALEUR : LA QUÊTE ÉPERDUE DU SAINT-GRAAL

Ultime confusion, et de taille : *la recherche de sens dans le vivant*. De découverte en découverte, de progrès en progrès, de connaissance en connaissance, et de remise en cause en remise en cause, la biologie poursuit une marche sans fin, minutieuse et acharnée. Toujours du nouveau : après la cellule au 19e siècle, le gène et la molécule au 20e ; après le gène, les réseaux de gènes ; après le descriptif, le fonctionnel ; après le statique, l'évolutif ; après le déterminisme, le hasard, et après lui le chaos déterministe ; après la mort faucheuse venue de l'extérieur, la mort cellulaire programmée de l'intérieur ; après la primauté de l'ADN, celle du cytoplasme… L'impression d'inachevé perdure et nous fait croire à la possibilité *d'une explication ultime, d'une Vérité absolue, d'un « sens » au cœur du vivant*. C'est une illusion, et nous ne sommes pas les chevaliers de la Table Ronde en quête du Saint-Graal. Il faut nous résoudre à admettre que le vivant existe indépendamment de nous, *qu'il est*, tout simplement, comme le sont les étoiles et les galaxies, et qu'il persistera, comme elles, si l'espèce humaine vient à disparaître. Seul l'homme donne du sens et de la valeur aux choses, et si parfois il qualifie le vivant de *sacré* ce n'est pas un attribut qu'il constate, mais *un jugement qu'il porte* pour dire le respect qu'il souhaite lui accorder. Et dans ce jugement il peut, il doit même, s'appuyer sur la science et se faire aider par elle. Lorsque la biologie lui démontre l'unité du vivant, ou sa propre proximité avec les animaux, ou la fragilité de la biosphère, c'est à lui d'en tirer les conséquences, *pour lui-même et pour les autres*. La religion s'est trop longtemps approprié des notions comme le sacré ou le spirituel. Elle s'est trop longtemps persuadée qu'elle seule donnait du sens aux choses, qu'elle était la source des valeurs morales et pouvait seule répondre aux grandes questions d'ordre philosophique. La science elle aussi construit *une vision globale du monde et met en œuvre des pratiques et des valeurs largement partagées et universelles.* L'esprit critique, le doute, la conscience de ses propres limites, ne sont pas ses moindres qualités. La morale s'enracine dans une histoire humaine complexe, faite de croyants, d'athées et d'agnostiques. Le sacré est de l'ordre *de l'humain*, du culturel et non du seul religieux. C'est le champ délimité par le sillon, interdit et inviolable, digne de respect absolu, ce respect qui seul permet la vie en société.

TOLÉRANCE ET RESPECT : LA BIOÉTHIQUE N'EST PAS MONOLITHIQUE

Les valeurs morales qui fondent la bioéthique se veulent universelles et sont largement partagées : respect de la vie humaine, de la personne et de sa dignité, des droits de l'Homme ; reconnaissance de la liberté de l'individu ; inviolabilité et non commercialisation du corps humain ; liberté de pensée et de recherche scientifique ; droit d'accès à la connaissance ; principe de responsabilité tant individuelle que sociale vis-à-vis de soi, des autres, de l'environnement, des générations futures... Au centre se trouve *la personne humaine et sa dignité* parce qu'elle est la valeur absolue et sacrée à qui l'on doit un respect sans aucune restriction ni réserve. Mais, la bioéthique n'a rien de monolithique, elle est traversée de *multiples courants de pensée* qui font écho et à leur tour influencent la vision personnelle que nous avons du vivant et de la vie. *L'aller-retour est permanent :* les raisonnements se nourrissent souvent d'eux-mêmes, s'autoalimentent et s'autoentretiennent, ou plus rarement s'opposent et se contrarient.

Les points de vue religieux monothéistes ont un dénominateur commun : créé à l'image de Dieu, l'Homme possède une âme qui lui confère dignité, droits et devoirs. La vie humaine est sacrée. Dans ce cadre, en condamnant la fécondation in vitro (FIV) et toute recherche sur l'embryon, en refusant la contraception chimique et l'interruption volontaire de grossesse (IVG), la position du Vatican est la plus radicale. Les églises protestantes sont plus « permissives », de même que la religion juive. Et l'islam offre des approches différentes selon les diverses obédiences. Quant aux religions asiatiques, elles ont une vision originale, plus communautaire et cosmologique. Mais dans tous les cas il y a les textes, et il y a l'esprit : les points de vue, du pôle intégriste au pôle progressiste, sont en réalité très divers.

L'éthique rationaliste et humaniste se réfère elle aussi à des principes moraux fondateurs, intangibles et universels, basés cette fois, non sur une transcendance, mais sur la raison pure qui impose à notre conscience la reconnaissance de droits et la libre acceptation de devoirs. « Au sacré correspond le non transgressable ». Dans le droit fil de l'universalisme kantien, il importe qu'une personne ne soit jamais utilisée uniquement comme un moyen mais de faire en sorte qu'elle soit également sa propre fin. Souvent matérialiste, cette éthique se réclame de la science, prend en compte l'ensemble des données biologiques actuelles, et, au travers de la confrontation des points de vue différents, recherche toujours des positions consensuelles, évolutives, et rarement définitives.

Un autre courant, de culture anglo-saxone, se range plus encore sous la bannière de la science : *qualifié de pragmatique* il a mauvaise presse chez nous. On le dit individualiste, utilitariste ; on en fait à la fois le produit et la justification du libéralisme économique ; on le dit peu respectueux des valeurs morales, et l'on en craint les dérives. On le résume en disant que, pour lui, « la fin justifie les moyens », qu'il accepte sans discrimination tout ce que la science et la technique sont capables de réaliser, que pour lui « tout ce qui est possible *doit* être fait ». Quant à lui, il se veut moderne, impartial, opérationnel et efficace ; il dit que nous avons un respect fétichiste de grands principes abstraits qui n'ont plus forcément cours aujourd'hui. Au centre, il situe les libertés individuelles, les désirs et les choix personnels, et juge décisions et actions à leurs résultats et leurs conséquences pour l'individu, la société et l'humanité. Son objectif est la vie meilleure, le bien être et le « bon » plus que le juste et le moral. Qu'on le veuille ou non, ce courant est manifestement en phase avec les grandes mutations qui caractérisent nos sociétés modernes : la primauté accordée à l'individu et à la satisfaction immédiate de ses désirs, le triomphe sans partage de la logique marchande.

Plus radicale encore, *la bioéthique réductionniste,* parce qu'elle pense pouvoir ramener et identifier le vivant à la machine et l'homme à l'animal, veut expliquer les phénomènes sociaux à partir de données biologiques. Les animaux auraient un sens moral, nos sentiments et nos jugements mettraient en œuvre les mêmes parties archaïques du cerveau. Certes, il y a dans le monde vivant autant de coopération que de compétition, et l'altruisme, l'entraide et le sacrifice, existent chez de nombreuses espèces. Ces comportements ont été retenus par la sélection naturelle en raison *des avantages sélectifs qu'ils apportaient au groupe dans la transmission des gènes*. Mais, est-il légitime de parler des comportements animaux avec des mots, des notions et des catégories qui appartiennent à l'humain ? Et, parce qu'il y a continuité absolue entre l'homme et l'animal, ou parce que nos émotions et nos comportements s'enracinent dans l'évolution biologique dont ils émergent, devrait-on refuser la discontinuité et l'apparition de nouveautés radicales ? Ce que la biologie donne à l'homme, ce n'est que la possibilité de le devenir ; l'essence de l'homme n'est pas seulement biologique mais aussi et surtout socioculturelle. Dans cette vision éthique réductrice la primauté est accordée à l'acide désoxyribonucléique (ADN), le « grand livre de la vie qui détiendrait tous nos secrets », et de lourdes dérives eugénistes peuvent alors apparaître : trier les embryons ou modifier génétiquement l'espèce humaine.

D'autres sensibilités s'expriment et s'entrecroisent : *« l'éthique du droit des animaux »* qui conteste elle aussi la position particulière et la prééminence accordée habituellement à l'homme sur le reste du monde ; *« le laisser faire bioéthique »* qui donne priorité aux objectifs économiques et abandonne la partie devant les pressions et les intérêts colossaux à l'œuvre dans la société ; *« le catastrophisme éthique »* qui ne voit qu'aggravation dans tous les domaines ; l'idée de *« la pente glissante et du doigt dans l'engrenage »* selon laquelle toute acceptation de nouveauté ne peut conduire qu'au pire ; *le fatalisme* enfin qui professe, devant une nouveauté technique, que l'on ne peut rien faire…

DES LOGIQUES ET DES OBJECTIFS DIFFÉRENTS

Les questions débattues s'insèrent dans une évolution socioculturelle des sociétés où plusieurs logiques objectives sont à l'œuvre. La logique *économique marchande et libérale* : la mondialisation actuelle, en phase avec le développement des biotechnologies et de la technoscience, se préoccupe peu des questions de morale. Celle de *la satisfaction d'une demande sociale et individuelle :* le désir des parents d'avoir un enfant, l'attente des malades, ou les choix des consommateurs sont des moteurs puissants. La logique de *la recherche scientifique*, la course à la reconnaissance sociale, à l'exploit médiatique ou au prix Nobel, contaminent parfois la légitime curiosité de comprendre. *La logique politique*, la maîtrise des coûts de santé ou la défense des corporatismes, et parfois le jeu des politiciens qui se croient obligés de toujours prendre le contre-pied… Sans oublier enfin *celle des médias* : la course à l'Audimat, l'effet d'annonce rarement vérifié, l'information ponctuelle et polémique, l'affirmation sans preuve, le seul registre émotionnel et passionnel qui fait vendre, la dramatisation outrancière et la répétition incantatoire des mots qui font peur…

Multiple, riche de la diversité des opinions qui la traversent, la bioéthique nous apparaît ainsi comme le creuset où se mêlent et se fondent les grandes interrogations qui assaillent l'homme, aujourd'hui et depuis toujours. Les lignes de rupture passent souvent au sein d'une même famille traditionnelle de pensée, et les regroupements sur tel ou tel point sont parfois surprenants. L'évolution scientifique et technique est si rapide qu'à moins de rester sur place on change parfois d'opinion. Les questions sont si variées, et les points de vue sont si nombreux que chacun a certainement le sien propre. On entre ainsi peu à peu dans *l'ère nouvelle d'une bioéthique à la carte*. En liaison avec le déclin des formes traditionnelles d'appartenance et d'encadrement que sont les partis, les institutions ou même les traditions, l'individu se positionne au centre ; en permanence, renvoyé à sa conscience personnelle, « privé de soutien », il construit le système de référence qui fait sens pour lui, et choisit au cas par cas, dans le fourmillement des nouveautés, l'option qui lui convient, celle qui lui paraît la plus « humainement acceptable ».

Chapitre II

LA MORT, LE CORPS, L'ESPRIT ET LA CONSCIENCE

La clé est de ne pas voir la mort comme une fin, mais plutôt comme un moyen efficace de réduire ses dépenses.
Woody Allen

On ne peut évidemment pas parler de la vie sans parler de la mort, tant les deux sont irrémédiablement associées dans notre psychisme conscient et inconscient. Sur la mort aussi, au moins sur le plan strictement biologique, nos idées ont bien changé avec les progrès de la science. Nos moyens d'agir pour la retarder ont suivi, et il ne s'agit certainement que d'un début.

LA PERSPECTIVE INVERSÉE

La mort a longtemps été considérée comme « l'opposé de la vie », indissociable d'elle, son terme obligé. « La vie c'est la mort » disait Claude Bernard. Cette fatalité ne semble pourtant pas concerner tous les êtres vivants. Certains, les bactéries par exemple, apparaissent davantage comme *des entités auto-réplicatives fabriquant sans cesse des copies d'elles-mêmes*, assurant leurs fonctions tant que les conditions le permettent, et se multipliant en transmettant leur information génétique, à la fois semblable et différente à chaque génération. Dans de bonnes conditions, lorsque les aliments nécessaires sont présents en excès, une cellule bactérienne grossit rapidement, double de volume et de masse, et au bout d'une vingtaine de minutes se coupe en deux par bipartition. Ainsi de suite, sans aucune interruption, et cela depuis bientôt quatre milliards d'années ! Le cycle cellulaire est régulier et aucune limite de l'aptitude à se diviser n'apparaît jamais. En supposant qu'on transfère régulièrement les descendants sur des milieux neufs, on calcule qu'en quelques jours la masse de matière vivante issue de cette unique bactérie serait bien supérieure à celle de la Terre, illustrant l'extraordinaire pouvoir d'expansion du vivant. Lorsque la bactérie en donne deux, on peut avoir l'illusion qu'elle disparaît et meurt mais, en fait, les deux bactéries filles sont *la même matière en double exemplaire.* Appliquons par magie le même principe à nous-mêmes : après avoir doublé tous nos constituants, imaginons que nous nous séparions en deux absolument identiques entre eux, et identiques à nous : nous serions maintenant deux, et non plus un, mais nous ne serions pas mort, nous serions double !

Il n'y a dans cette multiplication exponentielle jamais aucun cadavre, jamais aucune disparition de matière, jamais aucun arrêt des fonctions vitales. La division cellulaire n'est en rien une cessation de la vie. Bien au contraire elle en est un moment très actif, grand consommateur d'énergie, conséquence de l'expression coordonnée et interactive de nombreux gènes. Véritable machine à traiter l'information et à se reproduire, la bactérie fabrique des copies d'elle-même à partir des matériaux du milieu. Elle n'est programmée que pour assurer ses échanges, traiter l'énergie, réaliser ses synthèses, renouveler ses structures, assurer sa croissance et sa division. La mort ne paraît pas inscrite dans son histoire. L'information génétique se perpétue indéfiniment dans le temps ; c'est le signe de son « immortalité ».

Ce raisonnement ne vaut évidemment que si le doublement bactérien est parfaitement symétrique avec pour conséquence une parfaite similitude des deux cellules descendantes. Or de récents travaux remettent en cause cette donnée. C'est ce que Jean-Claude Ameisen qualifie de « brisure de symétrie ». L'une des cellules filles, en quelque sorte « plus vieille », comme « la mère », serait engagée dans une voie de ralentissement métabolique qui la conduirait, après avoir épuisé une centaine de divisions, à sa disparition pure et simple. L'autre, *sa jumelle* mais d'une certaine manière « plus jeune », comme « la fille », conserverait un potentiel de multiplication supérieur, l'échéance fatale étant retardée. La permanence dans le temps serait alors une course sans fin laissant derrière elle un prix à payer, des monceaux de cadavres.

LA MORT POTENTIELLE, PASSIVE ET ALÉATOIRE

Quoi qu'il en soit, la cellule bactérienne n'est en réalité que *potentiellement immortelle* ou, mieux, pour elle, c'est la mort qui n'est que potentielle. Car une bactérie peut aussi mourir, pour mille et un motifs, par erreur ou par accident, par des causes internes ou externes. Il existe alors un cadavre, qui finit par disparaître, entièrement recyclé en matières minérales. Comme tout autre être vivant, la bactérie est soumise à mille accidents plus ou moins contingents, issus d'elle-même ou du milieu ambiant. Son quotidien n'est pas de tout repos : un prédateur peut l'absorber et la digérer ; un choc peut l'écraser ; une augmentation de température peut la faire éclater ; le feu peut la réduire en cendres ; les sulfamides et les antibiotiques la tuent, de même que les anticorps produits par notre système immunitaire. Cette mort revêt même un caractère d'obligation, ne serait-ce que parce que l'accumulation des mutations délétères (les fameuses erreurs de copies de l'information génétique), peut rendre une lignée inapte à survivre dans les conditions données, ou encore parce que la croissance des populations entre inévitablement en contradiction avec les ressources du milieu qui finissent toujours par s'amenuiser. Les perdants sont nombreux, largement majoritaires, mais la mort reste aléatoire, contingente et imprédictible. Elle est l'interruption des fonctions vitales, du métabolisme cellulaire et du flux d'énergie qui traverse en permanence le vivant. Elle est la même que celle de la bougie qui s'éteint, de l'étoile qui ayant épuisé son stock d'hydrogène disparaît dans l'espace, la même que celle de la lampe qui cesse d'éclairer, du volcan qui a épuisé son magma, ou de l'automobile qui manque de carburant. Provoquée, accidentelle, toujours passive, elle est d'ordre moléculaire et physique. C'est le triomphe du second principe de la thermodynamique à l'œuvre dans tout l'univers, qui, reprenant ses droits, impose l'augmentation universelle du désordre. Elle est indépendante de la vie, elle est son *interruption*, elle n'est pas son contraire. Lorsqu'une partition musicale s'achève, personne ne voit dans le silence une quelconque force opposée à la mélodie.

LA MORT BIOLOGIQUE NÉCESSAIRE ET OBLIGÉE

Cette mort physique et passive n'est en rien spécifique du niveau d'organisation et de mouvement qui caractérise la matière vivante, et en cela elle s'oppose radicalement à *la mort cellulaire programmée ou apoptose.* Découverte il y a une vingtaine d'années, à la mode aujourd'hui et largement vulgarisée sous le nom équivoque de « suicide cellulaire », l'apoptose est une mort contrôlée. Elle ne survient qu'à tel ou tel moment précis, et en tel ou tel lieu bien défini. Elle peut concerner prématurément une cellule jeune en pleine vie qu'apparemment rien n'oblige à disparaître. Elle se déroule selon une chronologie rigoureusement ordonnée, ne déborde jamais alentour, et s'achève par le nettoyage complet des lieux. On connaît aujourd'hui la plupart des gènes à l'œuvre dans son déroulement. Certains sont analogues à l'accélérateur d'une automobile : ils font aller plus vite vers la destination finale ; d'autres sont comme le système de freinage, lorsqu'ils sont activés ils modèrent l'allure et repoussent le terme. La mise en œuvre du « programme de mort » dépend de facteurs inducteurs divers, parfois d'origine interne, plus généralement venus de l'extérieur. Ils sont alors reconnus par des molécules réceptrices de la membrane cellulaire, ce qui provoque une cascade d'événements, s'autoalimentant à la manière d'un feu le long d'une traînée de poudre, et conduisant à l'autodestruction cellulaire. Bombardée en permanence de signaux parfois contradictoires, n'existant que par le dialogue avec ses partenaires, la cellule est ainsi toujours sur le fil du rasoir, « entre la vie et la mort ». Mort propre, mort active, mort contrôlée, l'apoptose est omniprésente dans notre organisme et indispensable à notre vie. Avec elle, *la mort est devenue vitale*, ce n'est pas un des moindres paradoxes que nous enseigne la biologie.

Au cours du développement des pluricellulaires l'apoptose sculpte la forme des organes et permet l'émergence des fonctions. C'est elle qui détruit les branchies et la queue du têtard en métamorphose, les organes propres à la chenille lorsqu'elle se transforme en papillon, ou encore, chez le fœtus humain, la palmure qui relie précocement les doigts et le moignon caudal vestigial. Chez l'adulte elle élimine les cellules devenues inutiles ou dangereuses, celles qui ont muté ou dont l'ADN est gravement endommagé. Desquamation de l'épiderme, renouvellement tissulaire, règles et grossesse, allaitement, ne se feraient pas sans elle. Et surtout elle est au cœur même de la défense immunitaire, ainsi que de la mise en place et du fonctionnement du système nerveux.

On le voit, l'image négative que nous associons à la mort, « la redoutable faucheuse », doit être revue à la baisse. L'existence dans toutes nos cellules des instructions génétiques normalement muettes car inhibées, mais dont la mise en œuvre peut conduire à l'autodestruction, renverse véritablement la perspective sous laquelle nous voyons la vie et la mort. Cette dernière, lorsqu'elle est programmée, est un processus hautement actif et positif, caractéristique du vivant, plus vivant que la vie en quelque sorte.

SOMA ET GERMEN : NOUS SOMMES DOUBLES

Le sentiment subjectif de notre unité masque une dualité profonde : nous sommes faits de deux types de cellules radicalement différentes. Les plus nombreuses, qui constituent la plupart de nos organes et assurent les fonctions de relation et de nutrition, sont inexorablement vouées au vieillissement et à la mort. Ce sont *les cellules somatiques* ou *soma* qui constituent le corps, périssable et à terme entièrement recyclé en cendres et en fumée. D'autres cellules, moins nombreuses, situées dans les glandes génitales, peuvent échapper à ce destin : ce sont *les cellules germinales,* ou *germen*. Libres et mobiles, elles sont capables de fusionner avec celles de l'autre sexe. Elles survivent alors à l'être qui les produit et assurent la continuité de la vie en transmettant à la génération suivante l'information génétique et la machinerie capable de la traiter. Elles sont *potentiellement immortelles*. Non pas qu'elles ne détiendraient pas le programme de « suicide cellulaire » dans leur information génétique, mais parce que l'évolution les a dotées d'un système complexe de protection et d'inhibition.

La séparation entre soma et germen s'inscrit dans le cadre de l'universelle division biologique du travail. Isoler les cellules reproductrices présente l'avantage de les mettre sous protection et sous influence du reste du corps. À l'abri, protégées mécaniquement, elles sont nourries et régulées thermiquement. Or on connaît l'importance de la température puisque chez nous encore la formation des spermatozoïdes nécessite la descente des testicules ce qui abaisse leur température de deux ou trois degrés. Et surtout, elles sont contrôlées par l'organisme qui secrète messagers chimiques et hormones les tenant sous leur coupe. Ainsi elles sont longtemps maintenues au repos, ce qui évite l'accumulation des mutations et représente le meilleur moyen de sauvegarder intacte l'information génétique à transmettre. Au bout du compte, notre mort ne sera que partielle.

LA MORT DE L'ORGANISME ET LA MORT DES CELLULES

Sur les plans biologique et physiologique, la mort d'un organisme complexe comme le nôtre est sans rapport avec celle de ses organes ou de ses cellules. Elle se situe à un autre niveau, celui de *l'unité fonctionnelle intégrée* qu'il constitue, comme le montre le fait que chaque jour plusieurs milliards de nos cellules disparaissent et sont renouvelées. Après la mort de l'individu la plupart des cellules restent en vie. Si on les transplante sur un milieu de culture convenable elles poursuivent longtemps leur existence. De plus, la mort n'est pas un événement instantané, mais *un processus graduel* qui s'étale dans la durée, et « gagne de proche en proche » selon l'expression de Jean Rostand. On ne meurt ni d'un seul coup, ni tout d'un coup, mais plutôt coup par coup, et par morceaux. On meurt, alors que tout ou presque reste vivant en nous. La description médicale de la mort

« idéale », la « belle mort » survenant au soir de la vie, confirme qu'il n'y a pas un « avant » et un « après », pas d'instant précis qui signerait une frontière déterminable avec exactitude. Par la rupture sociale qu'elle implique, la mise à la retraite l'anticipe. La vieillesse la prépare en affaiblissant sans exception toutes les fonctions vitales. Le vieillard finit par ne plus la craindre, se « laisse mourir ». L'agonie suit, le déclin s'amplifie. Le moribond rend son « dernier souffle », il « expire ». Mais la mort se poursuit... À ce moment encore elle n'est pas irréversible et une assistance médicale perfectionnée peut inverser la sinistre progression. C'est à tort que l'on parle de réanimation, car on ne fait pas « revivre » un mourant, la vie ne l'a jamais quitté. Les processus de putréfaction et de minéralisation suivent, une véritable tornade écologique s'abat sur le cadavre livré aux microorganismes. Certains se multiplient et pullulent, d'autres disparaissent. De maillons alimentaires en maillons alimentaires, de découpages en découpages, les molécules organiques s'amenuisent et disparaissent. En quelques mois ou quelques années selon les conditions, plusieurs mètres cubes de gaz putrides s'échappent dans l'atmosphère, plusieurs dizaines de litres d'eau rejoignent le sol, entraînant avec eux les sels minéraux dissous. Les mêmes atomes, qui étaient incorporés dans les grosses molécules du vivant, se retrouvent maintenant dans de petites molécules minérales oxydées. La seconde loi de la thermodynamique, celle de l'entropie croissante, a fait son œuvre. La matière est passée de l'ordre au désordre, de l'organisation improbable et consommatrice d'énergie à l'équilibre universel. Une crémation aurait abouti en moins d'une heure exactement au même résultat. « L'équilibre c'est la mort » disait Henri Laborit.

Et cependant, il ne s'agit en aucun cas d'un *retour* au monde minéral. Nous n'avons jamais été cendres ni poussières. Rappelons l'évidence : c'est un spermatozoïde paternel et un ovule maternel qui, en s'unissant, ont transmis quelques deux mètres d'ADN détenant une information génétique indispensable, et quelques milliardièmes de grammes de cytoplasme permettant de l'exploiter. C'est la complexité et l'organisation qui nous ont engendrés.

LES CRITÈRES DE LA MORT CHEZ L'HOMME

Si la mort est un processus continu, il est évidemment très difficile de définir une limite et un critère précis permettant de la caractériser avec exactitude. Or, l'homme et la société ont besoin de preuves absolues, ne serait-ce que pour se convaincre de l'irréversibilité, et pour que puissent commencer le deuil et le rite funéraire. C'est pourquoi les critères définissant la mort présentent toujours une certaine subjectivité et ne peuvent pour convaincre qu'être cumulatifs : arrêt du cœur et du pouls carotidien constatés à la palpation ; interruption de la respiration certifiée par le miroir placé devant les fosses nasales, mais aussi dilatation de la pupille, atonie générale, disparition de tout réflexe et de toute sensibilité. Les progrès et les exigences de la médecine ont forcé le concept à évoluer. Sans un changement dans la définition sociale longtemps fondée sur l'arrêt cardiaque, outre que de nombreux morts sont revenus à la vie, il n'aurait pas été possible de réaliser des greffes d'organes, cœur, foie ou rein, puisque l'interruption de la circulation entraîne leur dégradation et leur mort.

Le critère ultime en cas de doute, celui qui aujourd'hui définit médicalement la mort clinique, est *le tracé encéphalographique nul, persistant et irréversible.* Cet arrêt de toute activité électrique permet en principe de distinguer la mort cérébrale d'états et de processus qui la simulent. La perte momentanée et réversible de la conscience est un phénomène banal qu'illustrent bien syncope, évanouissement et anesthésie. Les comas, multiples dans leur origine et leurs manifestations, sont des altérations plus graves de la conscience, avec perte totale des relations aux autres et au monde, mais conservation des fonctions végétatives, et possibilité de récupération. Médicalement seul le *coma dépassé*, avec électroencéphalogramme nul, et non pas plat, signe une mort certaine : les fonctions végétatives elles-mêmes sont arrêtées, sauf sous assistance mécano-physiologique. Elles peuvent alors se maintenir très longtemps, ce qui pose *le problème éthique du fameux « acharnement thérapeutique »*. Quoi qu'il en soit, en définissant ainsi la mort comme l'arrêt définitif des fonctions cérébrales, la médecine met l'accent sur ce qui est propre à l'homme : *son esprit et sa conscience*. Reste le problème de l'irréversibilité, dont la limite, on le voit, est sans cesse reculée. Gageons qu'un jour, d'autres indicateurs neurophysiologiques plus précis rassureront plus encore. Mais la définition de la mort *humaine* restera probablement longtemps très proche de celle d'aujourd'hui.

LA REPRÉSENTATION CÉRÉBRALE ET LA CONSCIENCE DE LA MORT

L'évolution biologique peut être comparée au lancement d'une fusée spatiale à plusieurs étages : sa vitesse s'accélère à chaque palier, mais dans un champ de plus en plus restreint. Du nouveau apparaît qui s'appuie sur l'ancien, lequel, à la différence de la machine, poursuit lui aussi sa route. Le paysage s'encombre d'une diversité plus grande, toujours renouvelée. À la mort physique passive venue de l'extérieur succède et s'ajoute la mort biologique venue de l'intérieur, puis la mort programmée. À celle des cellules fait suite celle des organismes. Et pendant des milliards d'années, la mort, omniprésente dans la biosphère, frappe en aveugle : animaux et végétaux naissent, transmettent leurs gènes, vieillissent et s'éteignent sans jamais se poser de questions. Mais avec l'homme, donc très récemment à l'échelle de la vie, un pas qualitatif essentiel est franchi : l'apparition progressive de la *conscience réfléchie*. La mort, qui jusque-là n'était qu'un processus objectif, physique ou biologique, accidentel ou « programmé » à l'œuvre dans la nature, crée *une représentation cérébrale abstraite d'elle-même*, que chacun perçoit et dont il peut parler.

Pour la biologie l'espèce humaine est apparue sur terre selon les mêmes lois et les mêmes mécanismes que toute autre espèce, et la conscience individuelle est une fonction sélectionnée et retenue pour les avantages sélectifs immédiats qu'elle confère à son porteur. Il suffit pour s'en convaincre d'imaginer un instant la savane ancestrale où, peu à peu, deux populations voisines creusaient entre elles un fossé cérébral qui ne ferait que s'amplifier. Le primate hominien, capable de prendre du recul sur lui-même, sur les autres, sur la situation et sur l'instant, capable aussi d'anticiper et d'agir en fonction d'un but à atteindre, en un mot conscient de lui-même et de son groupe social, bénéficiait d'avantages qui, sans qu'il le sût encore, lui ouvraient les lendemains évolutifs que l'on sait. La conscience de la mort est le caractère sélectif objectif le plus radical pour survivre car, en anticipant sur sa propre fin, on peut à coup sûr augmenter la probabilité de l'éviter, au moins de la retarder. La conscience est toujours conscience *de quelque chose*. Celle de la mort, au fondement même de l'humanité, est probablement autant un aboutissement qu'un point de départ. La distinction du soi et du non soi, la représentation symbolique de son propre corps, la conscience des autres et du monde l'ont certainement précédée et préparée. Les hommes ont aimé, marché, utilisé l'outil, maîtrisé le feu, et parlé, bien avant d'enterrer leurs morts.

L'activité consciente réfléchie, la pensée et l'esprit restent du domaine de l'inconnu et des questions sans réponses, là où se mêlent présupposés idéologiques, conjectures, et hypothèses scientifiques. Ils ne paraissent plus cependant inaccessibles à la recherche, et chaque jour s'accumulent des observations et des expériences qui lèvent peu à peu le coin du voile. Le système nerveux est dans son essence une machine à établir des relations et à construire des représentations du monde, de l'organisme et de lui-même. *Il reflète et intériorise ainsi ce qui lui est extérieur.* Façonné par le passé de l'espèce et l'histoire de l'individu, le cerveau devient le produit du monde qui le fabrique. Mais, plus qu'un reflet passif, il est une intériorisation et une reconstruction actives et dynamiques. Chacun construit dans sa tête son propre univers mental, obligatoirement unique et différent des autres. Et par le jeu dialectique de trois facteurs indissociables, la maturation organique, le travail individuel du cerveau qui agit en retour, le milieu environnant qui sollicite ce travail, auxquels il faut rajouter un quatrième, l'influence du psychisme lui-même de plus en plus grande dans son propre achèvement, se créent progressivement les systèmes fonctionnels nouveaux qui sont le substratum physiologique des processus psychiques, mieux, qui sont ces processus eux-mêmes. Les neurosciences affirment par principe que toutes les propriétés et fonctions cérébrales, des plus simples aux plus complexes, sont explicables dans leur genèse et leur nature par le fonctionnement des neurones sous-jacents et des molécules qu'ils produisent. Voir, toucher, agir, ressentir des émotions, sont la conséquence de l'activité cérébrale ; penser, dormir, rêver, halluciner, être conscient et réfléchir, aussi. Pour autant, ces activités ne se réduisent pas aux circuits entre neurones qui pourtant les engendrent : ce sont des processus et des propriétés qualitativement nouveaux, des états subjectifs internes émergeant de l'activité mentale, et qui obéissent à leur logique propre. Si la genèse de la conscience, comme ses mécanismes nerveux, est accessible à la recherche sur le cerveau, son contenu et le sens individuel qu'elle a pour chacun relèvent bien entendu d'autres approches. L'être humain ne se réduit ni à ses neurones, ni à ses comportements, ni à ses déterminismes biologiques, ni aux causalités sociohistoriques qui pourtant l'enserrent et le déterminent.

La mort de l'homme est d'abord celle de sa propre conscience, donc celle de sa représentation symbolique de la mort. L'individu humain disparaît à lui-même et aux autres. Sa mémoire, et tout ce qui a été acquis d'histoire et d'expérience, d'apprentissage et de connaissance, disparaissent avec lui sauf si auparavant, par la parole ou par l'écrit, ils ont migré sur d'autres réceptacles prêts à les accueillir. Ses proches gardent cependant un temps, mais un temps seulement, son souvenir. La mort dès lors revêt de multiples facettes. La mort économique touche le chômeur de longue durée ; la mort sociale l'emprisonné ou l'ermite retiré dans un lieu désert ; la mort psychologique le malade mental emmuré dans son isolement ; la mort culturelle, l'enfant martyr condamné à l'esclavage. Et le vieillard, parfois délaissé dans un hospice, n'est pas loin d'être mort à la communauté. Comme l'est aussi le comateux irréversible maintenu en survie végétative sur la table d'hôpital. L'humain meurt toujours de quelque chose, plus encore, il meurt toujours *à quelque chose*.

L'HISTOIRE CULTURELLE DE LA MORT

Avec l'espèce humaine, la mort entreprend une nouvelle histoire, culturelle cette fois. D'une part elle se présente sous des formes nouvelles absentes chez l'animal, d'autre part commence *l'histoire des idées sur la mort*, et des moyens médicaux et sociaux mis en œuvre pour la retarder et la rendre acceptable. Avec la conscience apparaissent la peur et l'angoisse, et, pour les refouler, la magie, le sacré, le religieux. Avec le refus, apparaît aussi l'attrait de la mort, quelque chose qui relève du désir pointé vers soi-même ou vers les autres. La mort donnée intentionnellement comme une fin en soi, la pendaison et la guillotine, l'anorexie et le suicide, le crime et la guerre, le génocide, n'existent pas véritablement chez l'animal. Apparaissent aussi l'immolation et l'anthropophagie, qui, à la différence du cannibalisme animal toujours épisodique et exceptionnel, doivent être considérées comme véritablement constitutives de l'humanité, toujours rituelles, sacrificielles et institutionnelles, jamais d'origine alimentaire. Aujourd'hui, nos sociétés modernes refusent et cachent la mort. Plus elles vieillissent, moins elles l'acceptent. Le mythe de l'éternelle jeunesse et le fantasme d'immortalité alimentent le marché des produits « anti-âge » et des techniques de chirurgie esthétique en constante progression.

MÉTAMORPHOSE ET RÉINCARNATION : UNE VIE APRÈS LA MORT ?

À en juger par les enquêtes et sondages d'opinion, environ 40 % des Français (et un peu plus d'Européens) déclarent *« croire en une vie après la mort »*. Ce chiffre reste stable depuis plus d'un demi-siècle et semble en partie indépendant du déclin du religieux, du milieu des années soixante aux années 1990, ou de sa remontée, plus récente. Tout dans notre société contribue à rendre la mort inacceptable : le culte de la jeunesse et de la performance, la volonté de liberté, la survalorisation de soi et de l'histoire personnelle, l'objectif du bonheur placé ici-bas et tout de suite... La diffusion généralisée de nouvelles croyances comme celle de la réincarnation ou de « la lumineuse félicité » des expériences individuelles « aux frontières de la mort » ajoute à la confusion. On comprend donc nos contemporains. Mais leur vision est anthropocentrique : ne pouvant la connaître, ils

« imaginent » la mort et peuplent le néant de leurs fantasmes.

La biologie a-t-elle son mot à dire ? Certainement pas grand-chose sur les croyances personnelles et reconnues comme telles de chacun. En revanche elle se réserve le droit de critiquer *l'assimilation entre croyance et donnée scientifique*. Et sur ce plan elle nous livre un message des plus clairs : il nous faut renoncer à croire qu'il y ait *une vie* après sa disparition ! En d'autres termes, on ne peut pas vivre sans corps, ni penser sans cerveau, la seule réalité fonctionnelle est la *matière-en-vie*, le *cerveau-fonctionnant*, et les traits d'union sont ici importants, « vitaux » pouvons-nous dire ! Risquons une comparaison : une automobile roule sur la chaussée, elle a un mouvement. Pour une raison ou une autre elle s'arrête. Le mouvement s'interrompt. Comment admettre qu'il ait une existence propre, et persiste en « quittant » le véhicule ? L'illusion nous vient de l'autonomie apparente du mot qui peut être associé à bien d'autres objets mobiles dans le monde. Et il en est de même de ces formes de mouvement et d'existence infiniment plus complexes qui définissent le vivant, la pensée et l'esprit. Admettre une vie après la mort est éminemment respectable, mais c'est *sortir de la sphère de la science et de la rationalité*. Ce n'est en rien une hypothèse scientifique, car la première qualité d'une telle hypothèse est d'être *testable* et de se prêter à l'expérience, ce qui n'est pas possible ici. Nous l'avons vu, ce qui persiste de l'être vivant, ce sont ses atomes, dans un niveau d'énergie minimum. Ce n'est pas là qu'il faut chercher l'immortalité ou la résurrection. Certes, indestructibles et permanents, au moins en première approximation, ils pourront être repris à plus ou moins longue échéance par les végétaux verts, et revenir ensuite à des animaux. Mais il est absurde de penser, comme certains font semblant de le croire, que des atomes peuvent conserver la mémoire ou une trace quelconque de nous-mêmes, de notre information ou de notre conscience. Et chercher dans la métamorphose la justification d'une possible « renaissance » sous prétexte que le papillon sort de la nymphe entièrement constitué, n'y peut rien faire. Aussi vieux que l'humanité, le mythe du Phénix qui se renouvelle et se redonne à lui-même la vie, reste une légende, même fabuleuse. Ce serait bien sûr une toute autre chose si l'on voulait signifier que l'œuvre d'un grand savant peut être éternelle, et que par là *sa pensée et son esprit* persistent et se transmettent longtemps après sa mort.

De même que la « Vie » n'existe pas, il n'y a pas de « Mort » en tant que principe immatériel s'opposant à la vie, ou envahissant à terme le vivant. « Nous refuserons l'abstraction de la Mort comme nous avons refusé celle de la Vie » écrit Ernest Kahane. Le biologiste est évidemment très malheureux de décevoir ainsi ses amis et ses concitoyens. Mais il peut partager avec eux le plaisir vécu du rêve, du fantasme, et même de la croyance. Pour lui, admettre qu'il s'agit de rêve, de fantasme ou de croyance, c'est-à-dire *de productions de notre imaginaire*, n'enlève rien, ni à leur réalité, ni à leur magnificence. Il se dit même disponible pour en étudier, avec eux, les soubassements et les déterminismes psycho-culturels et neurophysiologiques.

FIN DE VIE : ACCOMPAGNEMENT ET EUTHANASIE

Le débat sur l'euthanasie, la « bonne (eu) mort (thanatos) », n'est pas nouveau, mais il s'inscrit aujourd'hui dans le contexte particulier de nos sociétés modernes travaillées par de profondes évolutions socioculturelles. *L'allongement de la vie et le vieillissement de la population* tout d'abord : de plus en plus de personnes atteignent un âge où les fonctions vitales sont dramatiquement amoindries. En conséquence, *la médicalisation croissante des fins de vie :* 70 % de la population meurt à l'hôpital ou en institution et bénéficie d'une assistance médicale lourde. *Le refus et l'occultation de la mort* : les rites mortuaires s'érodent, les fantasmes d'immortalité profitent des progrès de la science, la mort devient un tabou que l'on cache. *L'affirmation des libertés individuelles* : une exigence croissante des individus à vouloir tout choisir, y compris leur propre mort.

L'euthanasie est *l'acte qui consiste à provoquer délibérément la mort d'une personne, en principe à la demande de celle-ci et pour mettre fin à ses souffrances*, mais les définitions précises, comme les législations, évoluent et varient selon les pays. La justice française la condamne et la considère selon les cas comme un crime, un assassinat, une non-assistance à personne en danger, ou encore un empoisonnement. Les Pays Bas ont été le premier pays européen à la légaliser. Chez nous, le débat oppose traditionnellement deux types de positions difficilement conciliables. D'un côté les défenseurs du statu quo pour qui *la vie est une réalité transcendante* dont l'homme ne peut en aucun cas disposer, ce qui exige de respecter au plus loin le dernier souffle de vie. De l'autre les partisans de la dépénalisation, pour qui *mourir dans la dignité est un droit que l'on doit reconnaître à qui en fait la demande.* Pour eux, chacun est juge de la qualité de sa vie. Celle-ci, plus que biologique, est un vécu d'ordre symbolique qui nous appartient, et la demande d'assistance pour une mort consentie reste un ultime espace de liberté. Décider du moment et du moyen est un acte de vie authentiquement humain.

Alerté, le CCNE a récemment émis un avis argumenté qui rappelle plusieurs principes et exigences. Le premier est *la nécessité du développement des soins palliatifs* dont l'objectif est de prendre en compte la souffrance psychologique et spirituelle, de soulager les douleurs physiques ainsi que les autres symptômes d'inconfort. En toutes circonstances le médecin doit s'efforcer de soulager le malade, l'apaiser moralement, sauvegarder sa dignité et réconforter son entourage. Cet accompagnement des personnes en fin de vie engage non seulement l'équipe soignante mais aussi la famille et les bénévoles, pour permettre à chacun de se réapproprier sa mort, soutenu par les siens et par ceux qui l'entourent. Un autre impératif est *le refus de l'acharnement thérapeutique* défini comme une obstination déraisonnable, inutile et disproportionnée. En conséquence le malade conscient doit pouvoir refuser un traitement et demander l'arrêt des soins curatifs. Et lorsqu'il est inconscient, la recherche de sa volonté prime encore, par la prise en compte de directives passées ou du point de vue de personnes de confiance. Ce refus d'un activisme médical pourtant répandu prend un relief particulier dans le contexte de la réanimation néonatale où les interventions sur des prématurés difficilement viables sont parfois payées de lourds handicaps et de situations catastrophiques. Enfin *la protection juridique des médecins* doit être renforcée par la notion dite « du double effet » : en administrant des calmants pour soulager la douleur (premier effet), certains traitements peuvent avancer le moment de la mort (second effet). Soulager la souffrance quitte à abréger la vie ne doit pas être assimilé à l'euthanasie. Ne pas prolonger l'agonie, « laisser mourir », n'est pas « faire mourir ». Concertation, sollicitation des familles et des proches, transparence totale et prise de décision collective sont les gages d'un bon accompagnement. Cependant, dans ses conclusions, le CCNE *refuse la dépénalisation* tout en prônant, dans certains cas extrêmes, *une exception d'euthanasie et un engagement solidaire.* Il renonce « à considérer comme un droit dont on pourrait se prévaloir la possibilité d'exiger d'un tiers qu'il mette fin à une vie… La valeur de l'interdit du meurtre demeure fondatrice, de même que l'appel à tout mettre en œuvre pour améliorer la qualité de vie des individus… Mais, ce qui ne saurait être accepté au plan des principes et de la raison discursive, la solidarité humaine et la compassion peuvent le faire leur… Il n'est jamais sain pour une société de vivre un décalage trop important entre les règles affirmées et la réalité vécue. L'engagement solidaire est, de fait, déjà une réalité, mais, plus ou moins clandestin, il s'exerce de façon inégalitaire et anarchique... L'acte d'euthanasie devrait continuer à être soumis à l'autorité judiciaire, mais un examen particulier devrait lui être réservé s'il était présenté comme tel par son auteur. Une sorte *d'exception d'euthanasie*, qui pourrait être prévue par la loi... C'est ainsi qu'il apparaît au CCNE qu'une position fondée sur l'engagement et sur la solidarité est en mesure de faire droit aux justes convictions des uns et des autres et de lever le voile d'hypocrisie et de clandestinité qui recouvre certaines pratiques actuelles ».

On le voit, ce débat nous interpelle au plus profond de nos convictions intimes car c'est notre regard sur la vie, la mort et nous-mêmes qui oriente nos choix. Il attire notre attention sur *une contradiction au cœur même de l'éthique*. D'un côté, le respect des droits imprescriptibles de la personne, le droit de chacun à disposer de son corps, à la base même du principe démocratique, semble suffire à justifier « le droit à une mort digne ». Mais d'un autre côté, la protection des personnes, particulièrement les plus faibles et les plus démunies, les plus vulnérables, est elle aussi au centre de nos sociétés que l'on voudrait plus solidaires encore. Admettre l'interruption volontaire d'une vie parce qu'elle est douloureuse et sans avenir, suggère, a contrario, qu'une vie ne vaut que si elle est belle et bonne, ce qui ouvre la porte vers de lourdes dérives. Ce conflit latent entre les droits individuels, les devoirs que nous avons envers les autres, et les droits que les autres ont sur nous, semble bien un des moteurs de l'universelle condition humaine. Il nous faut nous en accommoder.

Chapitre III

L'EMBRYON, LE FŒTUS, L'ÊTRE HUMAIN ET LA PERSONNE

Plus on connaît, plus on aime.
Léonard de Vinci

Durant des millénaires, l'homme a fait des enfants sans rien connaître, *sur le plan scientifique*, de la sexualité ou de la procréation. Il y a quelques années encore, *l'embryon n'existait pas*, puisqu'il n'était pas nommé, au moins dans l'esprit de la plupart de nos concitoyens. Aujourd'hui, il ne sait toujours pas qu'il existe, mais il est au centre d'une controverse culturelle d'une grande importance qui concerne chacun d'entre nous. Comment en est-on arrivé là ?

LA CROYANCE EN LA GÉNÉRATION SPONTANÉE

Depuis l'Antiquité, on est persuadé que la vie naît spontanément de la putréfaction grâce à la puissance d'une mystérieuse et immatérielle « force vitale ». Le vivant semble sortir de rien. Pour Aristote, les anguilles naissent du limon des fleuves, les grenouilles de la vase des marais, les mouches de la viande avariée. Avec les premières expérimentations, quelques coups sont portés à cette vision dès le 17e siècle (les asticots n'apparaissent pas dans une viande protégée par une gaze), mais, à la même époque, la découverte des microbes grâce au microscope relance le débat en faveur des « spontanéistes ». Pour Descartes, c'est la chaleur qui en agissant sur les matières en voie de putréfaction, produit une « agitation des particules », laquelle aboutit à la formation d'un être organisé. Et le grand Buffon lui-même considère que les formes élémentaires du vivant naissent de la combinaison de « corps organiques », présents partout et « incorruptibles », sous l'effet d'un principe qu'il qualifie de « *force formative* ».

Il faut attendre les admirables travaux de Pasteur, modèles de méthodologie expérimentale que l'on devrait enseigner dans toutes nos écoles, tant ils sont rigoureux, mêlant problématiques, hypothèses, expériences témoins et contre expériences, démonstrations et réfutations, pour venir à bout de cette croyance vers le milieu du 19e siècle. Observant attentivement le ballon de verre contenant une eau stérilisée par la chaleur, Pasteur écrit en 1864 un joli texte qui dénote à la fois sa sensibilité idéaliste et la rigueur de sa démarche. « Et j'attends, et j'observe, et je lui demande de vouloir bien recommencer pour moi la primitive création... Mais elle est muette... C'est que j'ai éloigné d'elle les germes qui flottent dans l'air, j'ai éloigné d'elle la vie ». La continuité du vivant s'impose enfin. « L'observateur a été victime d'illusions ou de causes d'erreurs qu'il n'a pas aperçues » ajoute Pasteur.

ANIMALCULISTES CONTRE OVISTES

Qu'il se pose une question qu'il ne peut résoudre, et l'homme très vite construit une réponse faite de certitudes. Un des premiers savants à établir une théorie cohérente de la reproduction est le grand mathématicien Pythagore (6e siècle av. J.-C.) resté célèbre par ailleurs pour le fameux théorème sur le carré de l'hypoténuse. Pour lui, une vapeur descend des différents organes et se concentre dans les testicules pour former le sperme. Celui-ci coagule dans le vagin et *devient le germe*. Tout vient donc du père ; le sang purifié de la mère, en fait les sécrétions vaginales, n'a pour seule fonction que de nourrir le futur être. Aristote reprend ces idées, met en avant le rôle du sang, et, pour lui aussi, le père insuffle la vie, le mouvement, la forme, la force, et transmet l'âme qui porte les caractères. La mère est le four qui chauffe et qui nourrit. Les siècles passent, les idées restent. Lorsqu'à la fin du 17e siècle le microscope permet d'observer dans le sperme de nombreux « animalcules » mobiles, certains, horrifiés, les considèrent comme des animaux engendrés par génération spontanée, mais les plus nombreux y voient la confirmation du dynamisme et de la prééminence masculine dans la reproduction. À la même époque, Harvey, médecin du roi Charles I, déjà connu pour sa découverte de la double circulation sanguine, travaille sur le développement des animaux. Il décrit les étapes du passage de l'œuf de poule au poussin puis, sacrifiant et disséquant des biches du parc de Windsor, il découvre dans leurs trompes de petites structures arrondies qui se fixent bientôt dans la paroi utérine. Ce sont des embryons, mais il en conclut, à tort et cependant de manière quasi prophétique, que « le premier produit de la conception est toujours une espèce d'œuf. *Ex ovo omnia* ». *Le vrai embryon entre ainsi dans l'histoire confondu avec l'œuf.*

Dès lors que l'on a observé « les animalcules » du sperme et les « œufs » des mammifères, une longue querelle, qui s'étale sur la fin du 17e, sur le 18e et sur une bonne partie du 19e siècle voit s'opposer les *Animalculistes*, largement majoritaires, partisans de la seule intervention du sexe mâle dans la formation du nouvel être, et les *Ovistes*, minoritaires, pour qui seul intervient le sexe femelle. Les débats sont sans fin, mêlant préjugés, croyances et observations bien réelles.

Et ce n'est que plus tard, avec l'observation de la fécondation chez différentes espèces, que sera enfin remise en cause cette origine unilatérale de l'être.

PRÉFORMATIONNISTES CONTRE ÉPIGÉNISTES

Aux 17e et 18e siècles, une autre querelle, plus radicale encore, oppose les *Préformationnistes* aux *Épigénistes*. Pour les premiers, le nouvel être ne se forme pas, il préexiste déjà dans le germe, minuscule et entièrement préformé dans ses moindres détails. Pour les seconds, le développement est progressif, va du simple au complexe et fait apparaître des structures et des fonctions nouvelles. Les discussions sont interminables. On peut être à la fois partisan des animalcules et de la préformation, et plusieurs auteurs croient observer et dessinent, logé dans la tête du spermatozoïde un minuscule « homoncule » à l'image de l'homme. On peut combiner les options, accepter l'une, refuser l'autre. Associée à l'ovisme, la théorie de la préformation se complète fort logiquement par celle de *l'emboîtement des germes*, établie par Swammerdam (1637-1680) et justifiée par l'étude de la chrysalide à l'intérieur de laquelle on découvre le papillon adulte entièrement formé. L'emboîtement des germes postule que la première femme contenait dans ses ovaires un œuf, qui contenait une petite femme, laquelle contenait un œuf, qui à son tour contenait une femme... On imagine des germes de plus en plus petits emboîtés à la manière des poupées russes, la formation du nouvel être consistant en un seul agrandissement. Et l'on calcule le nombre que portait la première femme, on en débat âprement, et l'on prévoit même la date où doit sortir le dernier, ce qui marquera « la fin du monde ». Le plus curieux *a posteriori* est que ces idées aient résisté au bon sens et à l'observation pendant plusieurs siècles, et cela malgré d'admirables travaux sur le développement qui n'ont jamais su s'imposer.

L'œuf n'est compris comme étant une cellule que dans la seconde moitié du 19e, après que s'est imposée la théorie cellulaire (avec en 1855 la sentence de Wirchow : « omnis cellula e cellula », toute cellule provient d'une autre cellule), et qu'aient été observés le rapprochement et « la danse des gamètes » (Thuret sur une algue en 1853). L'union des noyaux et le comportement des chromosomes ne sont vus et interprétés que vers 1880. Jusqu'alors, on le comprend, il était bien difficile pour l'embryon d'occuper la juste place qu'il mérite dans la tête des hommes.

D'UNE CELLULE À UNE SOCIÉTÉ DE CELLULES

Le développement est une suite rigoureusement ordonnée de processus allant du simple au complexe. Dans notre espèce, l'œuf après fécondation subit ses premières divisions à l'état libre, en descendant dans les trompes. La cellule en donne deux, qui en donnent quatre, qui en donnent huit, de façon synchrone jusqu'à un seuil ; c'est la *segmentation*. Les cellules sont de plus en plus petites, restent coalescentes, et l'ensemble ressemble bientôt à une petite mûre, le stade *morula*. Au 6e jour les cellules filles se différencient en deux ensembles distincts : l'un, qualifié de « bouton embryonnaire » à l'origine du futur individu, l'autre, le trophoblaste, qui permettra l'implantation dans l'utérus et les relations physiologiques avec la mère en devenant le placenta. C'est le stade *blastocyste*. La nidation s'opère alors (elle dure environ 5 jours), et la grossesse commence. Du 14e au 17e jour se met en place une invagination de matériel superficiel au niveau d'une « ligne primitive », puis la surface dorsale s'épaissit, constituant la plaque neurale, laquelle se creuse longitudinalement en une gouttière neurale, et se ferme enfin (le 28e jour) pour former le tube nerveux. En fait il s'agit là de ce qui deviendra bien plus tard notre système nerveux, moelle épinière et encéphale, mais pour l'heure aucun neurone n'est différencié ou fonctionnel. De même, dès le 21e jour, apparaît l'ébauche de ce qui sera plus tard le cœur sous la forme d'un petit tube contractile puisque les cellules musculaires cardiaques ont la propriété de se contracter rythmiquement de manière autonome dès qu'elles apparaissent. Vers la 4e semaine s'individualisent des poches branchiales (comme chez les poissons) mais elles ne s'ouvrent pas et donneront des glandes endocrines situées au niveau du cou.

Après le premier mois, le tube nerveux se déforme, s'organise et s'épaissit, forme plusieurs vésicules vers l'avant. Les cellules encore indifférenciées de sa paroi se multiplient et donneront ultérieurement et progressivement toutes les cellules nerveuses. Les différentes structures apparaîtront dans un ordre donné, les plus anciennes sur le plan de l'évolution étant les premières à se différencier : la moelle épinière, puis le bulbe rachidien, puis le cervelet, etc. Le premier signe repérable de maturation de la moelle épinière est la contraction de certains muscles vers la 9e semaine (petits mouvements non perceptibles par la mère). Vers 5 mois est mis en place le premier réflexe sous-cortical de succion. Vers 5 mois et demi le centre bulbaire respiratoire devient fonctionnel, mais pas encore les poumons. La viabilité est alors théoriquement possible, mais au prix de prouesses médicales, et souvent de séquelles graves.

Les hémisphères cérébraux se forment en dernier. Progressivement, du 3e au 6e mois, une phase de multiplication intense des cellules (cellules indifférenciées qui ne sont pas encore des neurones) suivie de migrations cellulaires hautement coordonnées met en place six couches qui constituent le cortex cérébral. Celui-ci se déforme et se plisse et vers les 5e et 6e mois apparaissent les grands sillons.

L'inexcitabilité du cortex est encore totale : il ne semble pas y avoir de synapses fonctionnelles dans cette partie du système nerveux. La maturation débute vers les 6e et 7e mois. C'est alors très probablement qu'apparaissent *les premières communications fonctionnelles entre neurones*. L'enfant naît avec la plupart de ses neurones en cours de différenciation, son comportement est essentiellement sous-cortical et réflexe. La maturation du cortex se poursuivra toute la vie.

Le temps d'une grossesse, on passe ainsi d'une cellule unique à plusieurs milliers de milliards de cellules constituant l'organisme. La continuité et la gradualité sont absolues et cependant, émergent des structures, des propriétés et des fonctions radicalement nouvelles. L'organisme est un système complexe, intégré, et c'est l'association, l'interdépendance et la coordination entre ses différents éléments qui permettent son unité fonctionnelle confirmant l'adage selon lequel « le tout est plus que la somme de ses parties ».

DE LA TOTIPOTENCE À L'UNIPOTENCE ET ALLER-RETOUR

Si les *cellules souches* font souvent aujourd'hui la Une des médias, leur connaissance est pourtant très ancienne. Dès le milieu du 18e siècle, un naturaliste constate l'extraordinaire pouvoir de régénération d'un petit animal des eaux douces, l'hydre verte. Coupée en mille morceaux, tamisée même, elle ne meurt pas, chaque fragment se réorganise et produit un nouvel individu. Plus tard on découvre les responsables : de minuscules cellules perdues au sein des tissus, capables de migrer, de se multiplier, et de produire tous les types cellulaires ; on les dénomme cellules interstitielles. Et peu à peu on met en évidence leur existence (sous des noms variés) dans la plupart des espèces. Chez les végétaux, elles forment de petits amas bien protégés dans les bourgeons ou à l'extrémité des racines. L'existence de massifs autoentretenus de cellules souches à potentialités plus ou moins larges devient la règle dans le monde vivant. Quant à l'embryologie, dès sa naissance au début du 19e, elle manipule les embryons d'amphibiens, les ampute, les coupe en deux, soude les moitiés tête bêche, réalise des greffes variées, et découvre à la fois la malléabilité et les extraordinaires potentialités des cellules précoces du développement.

Aujourd'hui le concept est unifié : *les cellules souches* sont des cellules indifférenciées, petites, sphériques, capables de se déplacer sur la matrice intercellulaire avec laquelle elles sont liées par des interactions moléculaires de surface. Elles peuvent se multiplier indéfiniment et sont donc potentiellement immortelles. Enfin, selon les conditions, elles peuvent se différencier, c'est-à-dire se transformer en tel ou tel type cellulaire. À la suite du CCNE, on en distingue quatre grandes catégories chez l'homme. Les cellules souches *totipotentes,* seules capables de conduire au développement d'un être humain. Il s'agit de l'œuf fécondé et des cellules de la jeune morula (de 2 à 8 cellules) pendant les 4 premiers jours. Ce sont elles qui sont à l'origine, lorsqu'elles se séparent, de la formation des vrais jumeaux (environ 4 naissances sur 1 000). Les cellules souches *pluripotentes,* ou *cellules souches embryonnaires*, ne peuvent pas donner un individu complet, mais sont susceptibles de produire tous les types cellulaires de l'organisme. Elles proviennent, au stade blastocyste de 6 ou 7 jours, du bouton embryonnaire interne, et sont donc déjà déterminées dans une voie différente de celle donnant le placenta. Les cellules souches *multipotentes* sont présentes dans l'organisme adulte et produisent plusieurs types cellulaires : cellules souches de la moelle osseuse donnant les cellules du sang et de l'immunité par exemple. Enfin les cellules *unipotentes*, comme celles de la base de notre épiderme, présentes aussi chez l'adulte, ne peuvent donner qu'un seul type de cellules différenciées.

On a longtemps admis la linéarité irréversible : cellule totipotente, puis pluripotente, enfin unipotente lorsqu'elle se différencie. Plus récemment on a mis en évidence la capacité de *dédifférenciation* des cellules, d'abord dans le monde végétal puis chez de nombreuses espèces animales. Dans ce cas, la cellule différenciée et spécialisée opère un véritable retour en arrière, une sorte de « rajeunissement », elle change de forme, se réorganise et réacquiert les propriétés des cellules souches. On dit que son information génétique est *reprogrammée* (ou *transprogrammée*), preuve de *l'extraordinaire malléabilité du vivant.*

Les cellules souches, particulièrement chez l'adulte, sont difficiles d'accès, difficiles à repérer, à isoler et à manipuler. On les identifie par des marqueurs de surface, on les sépare avec des appareils « trieurs » de cellules. Des « banques » sont constituées qui en possèdent plusieurs lignées. Ces cellules ouvrent des perspectives médicales prometteuses. Il ne se passe plus un jour sans qu'un article scientifique sérieux ne fasse état de leur possible utilisation dans ce que l'on convient d'appeler *la médecine régénérative.* On pense les utiliser pour réparer les tissus nerveux de patients atteints des maladies d'Alzheimer ou de Parkinson, restaurer le foie à la suite d'hépatites sévères, ou traiter des maladies comme les myopathies ou l'infarctus du myocarde. Des essais cliniques prometteurs ont été réalisés sur l'homme, et l'on rêve de régénérer n'importe lequel des organes malades...

L'EMBRYON *HUMAIN* : LA NÉCESSITÉ D'UNE CLARIFICATION SÉMANTIQUE

Chez l'homme, les embryologistes ne sont pas unanimes sur la définition de l'embryon. Nombreux sont ceux qui rechignent à employer ce mot pour les tout premiers stades, avant l'implantation dans la muqueuse utérine. Ils préfèrent utiliser les termes scientifiques, stade 2, stade 4, morula, blastocyste, qui ne prêtent à aucune confusion. C'est le cas de nombreux enseignants et ouvrages d'embryologie. Ainsi l'abrégé Masson « Embryologie médicale, développement humain normal et pathologique » (1994) écrit dans son résumé : « la période embryonnaire va de la troisième à la huitième semaine du développement ». Pour le professeur Jean-François Mattéi, c'est l'implantation qui doit définir l'embryon. Il écrit dans *Les Droits de la vie,* (Odile Jacob, page 34) : « Au sens strict du terme, l'appellation d'embryon avant l'implantation est donc abusive, même si l'usage l'a légitimé ». Les Anglais quant à eux utilisent le terme pré-embryon jusqu'au 14e jour.

Cette réticence largement partagée s'explique par au moins trois sortes de raisons. La première est que les tout premiers stades du développement ont un devenir double : des cellules (d'ailleurs les plus nombreuses) qui donnent le placenta ; d'autres (le bouton embryonnaire) qui donnent l'embryon proprement dit puis le fœtus ; et il n'est pas logique de désigner du même nom une entité et l'une des parties qui en provient. Une autre raison est plus complexe : chez un couple non atteint d'infertilité, désirant un enfant et faisant tout pour l'avoir, multipliant les rapports sexuels, environ 70 % des œufs fécondés... sont naturellement éliminés sans que personne ne s'en aperçoive (ou parfois avec un très léger retard de règles) car ils sont porteurs d'anomalies génétiques ; l'œuf donne un sac vide, dont « la nature ne veut pas », sans aucune possibilité de se développer, qu'il est bien difficile de dénommer embryon, surtout si l'on intègre toute la charge affective associée à ce mot. Enfin, la médecine ne fait commencer la grossesse qu'à la nidation, et le norlévo par exemple (la pilule du lendemain qui empêche l'implantation), présent dans l'infirmerie de tous les lycées de France, est officiellement considéré comme un contraceptif, et non comme une pilule abortive. Ajoutons qu'en Allemagne l'embryon est défini par la mise en commun des deux génomes, ce qui peut paraître anodin, mais pourrait avoir de grandes conséquences, puisque cela exclut les embryons qualifiés de « somatiques » obtenus par exemple dans le clonage façon Dolly le petit mouton ; et si dans ce cas il n'y a pas d'embryon, le débat prend une tournure bien différente…

DE L'EMBRYON AUX QUESTIONS SUR L'EMBRYON

Jusqu'ici nous sommes restés sur le terrain de la science, même si des controverses s'y manifestent. Ces connaissances de plus en plus précises sur le développement, produites par des générations et des générations de chercheurs, posent-elles par elles-mêmes quelque problème que ce soit ? Évidemment non, le curieux les apprécie, l'indifférent les ignore ou s'en accommode. Mais elles fournissent un pouvoir, la capacité à maîtriser et à agir sur notre procréation. Et là tout bascule, car on passe du monde des vérités scientifiques, même approximatives, à celui des jugements et des opinions subjectives. Les progrès de la science offrent des possibilités techniques nouvelles : faut-il les mettre en œuvre, dans quel cadre et dans quelles limites ?

L'Assistance Médicale à la Procréation (AMP) ? Oui, mais jusqu'où aller ? Vouloir un enfant pour lui-même est le désir le plus légitime ; le vouloir quelles que soient les mutations géniques dont on se sait porteur engage l'avenir. « L'AMP a pour objet de remédier à l'infertilité. Elle peut aussi avoir pour objet d'éviter la transmission à l'enfant d'une maladie d'une particulière gravité », dit la loi. La stérilité n'est plus une fatalité, dit la science. Un couple sur six souffre d'infertilité ou d'hypofertilité, définies comme l'incapacité d'avoir un enfant après une année, ou deux, de tentatives régulières. Depuis la naissance en 1978 de Louisa Brown, en Angleterre, depuis celle en 1982 d'Amandine en France, en moins de 20 ans plus de 100 000 enfants sont nés par FIV (fécondation in vitro). Aujourd'hui 20 % des couples qui ont recours à une FIV ont un bébé neuf mois plus tard, ce qui n'est guère moins que les couples fertiles qui ont 25 % de chances de concevoir un enfant chaque mois à chaque ovulation. Et la nouvelle technique de micro-injection d'un seul spermatozoïde directement dans l'ovocyte augmente encore la réussite. On réimplante deux ou trois embryons dans l'utérus maternel, les autres sont congelés dans l'azote liquide à - 196 °C dans l'attente d'éventuelles tentatives ultérieures. On le voit, ces pratiques remettent en cause toutes nos habitudes de penser la procréation. Est-ce la technique utilisée qui définit le projet parental ? Un enfant peut avoir plusieurs pères et plusieurs mères : les notions de parents, de famille, de filiation, sont bouleversées. Dons de gamètes, mères porteuses, adoption, homoparentalité, secret de la filiation et droit à la connaissance des origines, insémination *post mortem*... tout bouge et nous interroge.

La contraception, l'IVG et l'IMG (interruption médicale de grossesse) ? La vision personnelle que nous avons de l'embryon est interpellée, et force est de constater que divers groupes de pression, dévoyant les débats, tentent de remettre en cause ce que la loi pourtant affirme être un droit.

Les recherches sur l'embryon et les cellules souches ? Les questions sont plus nombreuses encore. Sans les travaux effectués dans le passé sur la fécondation et sur les transplantations d'embryon, évidemment pas de FIVETE possible (fécondation in vitro et transplantation d'embryons). Grâce à eux, on en connaît autant sur la fécondation humaine, ses étapes, les molécules de reconnaissance mises en jeu, la cascade des réactions et interactions entre gamètes, que sur la fécondation chez l'oursin que chacun de nous a, un jour ou l'autre, observée à l'école sous son microscope en travaux pratiques. On enseigne tout cela par le menu détail dans les cursus d'embryologie. Faut-il continuer les recherches fondamentales et appliquées sur les stades précoces du développement ? Nous répondons sans hésitation par l'affirmative, mais les avis sont partagés. La loi actuelle, issue de la réactualisation des lois dites de bioéthique de 1994, votée au printemps 2004, interdit les travaux de recherche sur l'embryon humain, ainsi que la production à des fins de recherche de nouveaux embryons. « La conception in vitro d'embryons humains à des fins d'étude, de recherche ou d'expérimentation est interdite ». De plus « un embryon humain ne peut être conçu ni utilisé à des fins commerciales ou industrielles ». La loi autorise cependant, à titre exceptionnel, dérogatoire et transitoire (pour une durée de 5 ans), strictement encadrée, la recherche sur les embryons congelés surnuméraires sans projet parental. Il s'agit des embryons qui n'ont pas été réimplantés et pour lesquels les parents ont renoncé, au moins deux fois de suite et par écrit. On estime qu'il en existe plusieurs dizaines de milliers en France.

Le clonage reproductif et le « clonage thérapeutique » ? Les émotions sont à leur comble, les procès d'intention nombreux, ce qui ne facilite pas le débat. Nous allons y revenir, mais auparavant il faut encore apporter quelques données d'ordre scientifique.

L'IMPOSSIBLE COMMENCEMENT OU LE MYTHE DE L'ORIGINE

Indéracinable, sans cesse répétée comme une évidence objective, l'idée que la vie, voire la vie humaine, *« commence dès la fécondation »* est pourtant une pure illusion. Car la vie ne commence pas, elle est transmise, la continuité est totale.

Spermatozoïde et ovule sont des cellules, et comme telles bien vivantes. Isolés séparément ils meurent et disparaissent, mais en fusionnant ils ne meurent pas, ils mélangent leurs gènes et leurs cytoplasmes. Ils sont les vecteurs à la fois de l'information génétique et du cytoplasme permettant de la traiter. Il n'y a aucun cadavre, aucune interruption de la vie, et donc aucun commencement. *La vie se prolonge sans discontinuité, à la fois semblable et différente, elle ne naît pas à chaque génération*. La notion de commencement de la vie n'est pas d'ordre scientifique, mais d'ordre philosophique ou religieux. Elle est certainement la projection sur le vivant du mythe fondateur de l'Origine et de la Création. Et ce qui vaut sur le plan organique et cellulaire de la vie *biologique* vaut plus encore sur le plan de la vie proprement *humaine*. Ce qui est sûr, c'est que les attributs spécifiquement humains n'apparaîtront que bien plus tard, et très progressivement.

Cependant, fixer des limites dans un processus continu est légitime et respectable, à condition d'admettre qu'elles sont toujours décrétées et subjectives, choisies par les communautés des hommes. Les débats sur « l'animation » de l'embryon sont aussi vieux que la religion. Pour Saint Thomas d'Aquin, au Moyen Âge, c'est au 40e jour que l'embryon acquiert son âme. Pour l'Église catholique, aujourd'hui, l'être humain est présent « dès la fécondation ». C'est pourquoi elle condamne la FIV et n'admet pas non plus la contraception chimique ni l'usage du préservatif. Pour elle, « l'IVG est un crime délibéré et direct ». Pour l'islam le début de la vie est la nidification, vers le 7e jour, mais les avis diffèrent selon les obédiences. Le judaïsme quant à lui ne reconnaît aucun statut avant le 40e jour. Pour le professeur Jean-François Mattéi aussi, la vie humaine « commence dès la fécondation », affirmation qui peut paraître en contradiction avec sa vision de l'embryon « commençant à la nidation ». Il faut donc le répéter, lorsque l'article 16 du Code civil prévoit que « la loi garantit le respect de l'être humain dès le commencement de sa vie », c'est de la naissance qu'il s'agit, et cela en France et dans la quasi-totalité des pays.

Les frontières sont toujours conventionnelles et les mots toujours trompeurs : qui peut fixer une limite objective claire au commencement (ou encore à la disparition) de l'embryon, du fœtus, de l'enfant, du jeune, de l'adolescent, de l'adulte ou de la personne âgée ? La mort même, nous l'avons vu, en changeant de critères, a changé de limites. Si la biologie peut expliciter ce dont elle parle et fournir des repères précis, la nidation vers le 7e jour (et donc les premières interactions cellulaires avec la mère), le passage de l'embryon au fœtus au début du 3e mois, le seuil de viabilité vers 5 mois et demi, elle ne peut que *nous aider* à porter des jugements de valeur. Elle ne peut en rien se substituer à la réflexion éthique et à la décision communautaire. De plus, il nous faut distinguer ici *l'éthique de conviction* (l'opinion intime de chacun est totalement respectable) et *l'éthique de responsabilité* (vivre ensemble dans un contexte historique donné exige des choix parfois difficiles mais qui doivent être respectés).

L'expression « dès la fécondation » souffre d'un autre inconvénient majeur : son imprécision. Lorsque les gamètes sont mis en présence, un spermatozoïde entre en contact avec l'enveloppe protectrice de l'ovocyte par une interaction entre molécules de surface hautement spécifique, ce qui empêche toute fécondation entre espèces différentes. De plus cela enclenche une réaction de la partie antérieure du spermatozoïde qui libère diverses molécules dont celles lui permettant de progresser jusqu'à la membrane de la cellule femelle avec laquelle il fusionne. Il en résulte une cascade de modifications, des changements de polarisation et de concentration ionique, et le blocage de la polyspermie (l'entrée d'un nouveau spermatozoïde). Dès lors les deux noyaux contenant les chromosomes se rapprochent, leurs enveloppes disparaissent, et les deux lots de chromosomes se mélangent. Le tout dure plus d'une *trentaine d'heures*. Quel moment choisir ? La reconnaissance et le premier contact ? La fusion des deux cellules ? La mise en commun des gènes d'origine parentale différente ? Le sens commun retient fréquemment ce dernier critère, la vie commencerait « lorsque les gènes sont mélangés ». Mais un nouveau problème apparaît : outre que c'est là privilégier de manière excessive le point de vue génétique, on sait aujourd'hui que le génome d'origine *paternelle* n'est sollicité et ne commence à s'exprimer que plusieurs jours après. Les tout premiers stades du développement sont strictement cytoplasmiques et femelles, résultant, comme une mise à feu, de l'activation de l'ovule par le spermatozoïde. Faut-il faire commencer l'embryon au troisième ou quatrième jour après la fécondation ? On ne s'en sort pas, sauf à admettre l'évidence : la nécessité absolue de respecter l'intime conviction de chacun sur sa propre vision « de l'origine » ainsi que les conventions collectives juridiquement établies.

UN SPERMATOZOÏDE BIEN HUMAIN

La question du commencement de la vie humaine pose celle, largement débattue, de la nature et du statut de l'embryon. Est-il *vivant ?* Oui ! Sa vie est de nature cellulaire et organique, et en présente tous les ingrédients. Est-il *humain* ? Bien sûr ! Il n'appartient pas à une autre espèce, baobab ou souris. Cela en fait-il un *être humain ?* Évidemment non ! Car si l'on répond par l'affirmative, il nous faut aussi accorder cette qualification au spermatozoïde, à l'ovule, et finalement à toute cellule humaine, chacune de ces entités étant à la fois, et vivante, et humaine. Nous n'éprouvons aucune compassion devant la mort de nos cellules, nous n'accordons aucun respect au spermatozoïde ou à l'ovule. Pourquoi devrait-on, par principe, en accorder aux premiers stades du développement ? Ce n'est pas, en tous cas, pour leur statut *cellulaire, vivant et humain*. La question nous est ainsi posée : qu'est-ce qui fait que nous accordons dans certains cas de la valeur et du respect ? Dans quelles conditions, et à quelles entités ? Ces questions, on le voit, ne sont pas d'ordre scientifique, elles relèvent de l'éthique.

LES VISIONS SUBJECTIVES DE L'EMBRYON

Développant une logique d'argumentation et de délibération, à la recherche de positions concrètes consensuelles ou pour le moins humainement acceptables, le CCNE, nous aide à y voir plus clair dans le foisonnement des points de vue. Il définit l'embryon comme « *une personne humaine potentielle* ». L'embryon n'est pas une personne actuelle, pleine et entière, dotée de droits et de devoirs, mais il a la possibilité de le devenir. Il ne possède aucun des attributs spécifiques d'un être humain : il n'a aucune conscience, puisque celle-ci implique un système nerveux mature et fonctionnel, absent chez lui ; il ne se projette pas comme sujet. De plus, il n'a pas un destin fixé de manière obligatoire, son possible devenir n'est pas une certitude et inclut toujours de l'aléatoire. En conséquence on ne doit pas à l'embryon le respect que l'on doit à une personne humaine. Et cependant l'embryon n'est pas une chose, un objet banal que l'on pourrait « instrumentaliser » et utiliser sans discrimination à quelque fin que ce soit. Il n'est pas un amas de cellules qui serait partie intégrante et non individualisée du corps de la mère. Son devenir éventuel peut retentir sur notre façon de le considérer, et surtout, le désir et le projet parental d'avoir un enfant « l'humanisent » et projettent sur lui une part d'humanité dont il devient dès lors dépositaire. Et il est bien vrai que la valeur d'une chose dépend à la fois d'elle-même, de son devenir éventuel, de ce que l'on projette sur elle, ainsi que de ce qu'elle représente pour les autres. Pour ces raisons une extension du droit à la dignité et au respect peut être accordée à l'embryon et au fœtus au fur et à mesure de leur développement. Les notions de respect et de dignité apparaissent ainsi comme relatives, évolutives et graduelles. L'embryon d'une grossesse désirée n'est pas celui d'une grossesse refusée. *L'enjeu moral tient avant tout au désir, au projet et à l'amour investis ou non sur lui.* L'œuf fécondé et l'embryon ne sont pas des personnes dans la plénitude des droits et des devoirs : on ne leur doit pas le même respect que l'on doit à la femme qui décide une IVG.

ET LE PLACENTA ? FRÈRE OU JUMEAU ?

Chez les animaux ovipares, le développement s'effectue dans le milieu extérieur, à l'intérieur des enveloppes de l'œuf, et sans relations nutritives avec la mère ; les réserves ont été accumulées auparavant, ce qui, remarquons-le, représente un investissement énergétique considérable, mais sans intérêt s'il n'y a pas fécondation. Ayant lieu dans l'environnement protecteur de l'utérus, le développement chez les mammifères a ceci de particulier qu'il commence par un large détour pour engendrer des structures complexes qui entourent, protègent l'embryon, et assurent les échanges respiratoires et nutritifs avec la mère. Ces structures, en particulier le sac rempli du liquide amniotique et le placenta, sont issues de l'œuf fécondé, mais sont qualifiées d'annexes *extra-embryonnaires* justement parce qu'elles ne sont pas l'embryon lui-même, sont éliminées à la naissance, et ne font pas partie de l'organisme adulte.

La séparation précoce entre ces deux grandes lignées obéit aux mêmes règles et s'effectue selon les mêmes mécanismes qui, plus tard, individualiseront les différents types cellulaires. Le facteur principal est la situation des cellules dans la jeune morula. Celles situées à la périphérie sont asymétriques et couvertes de microvillosités (des replis de leur surface qui optimisent les échanges) vers l'extérieur au contact du milieu ; ces villosités sont absentes vers l'intérieur. Les cellules les plus externes établissent entre elles des liaisons étanches protectrices, ce qui isole et protège les cellules internes. Celles-ci s'individualisent, créent des espaces, forment une cavité centrale remplie de liquide, et, à un pôle de cette cavité, *le bouton embryonnaire* qui donnera l'embryon. Les cellules externes formeront le placenta.

Issues de l'œuf, toutes les cellules ont la même garniture chromosomique, le même génome et le même mélange de gènes d'origines paternelle et maternelle. Vivant, humain, *unique génétiquement* comme l'embryon, tout cela confère-t-il au placenta le titre d'être humain ? Celui de frère ou celui de jumeau ? Et cela exige-t-il le moindre respect ? Les réponses sont bien sûr négatives. Les placentas sont depuis longtemps la source de produits pharmaceutiques ou cosmétiques et, aujourd'hui, ils sont utilisés pour fournir des cellules souches multipotentes dites placentaires.

L'INDIVIDU N'EST PAS LA PERSONNE

La notion d'*individu* appartient à la biologie. On peut en discuter le sens, montrer qu'elle est subjective, relative et incertaine. Mais peut-on l'appliquer à l'embryon et au fœtus ? L'individu reste cette entité distincte que l'on observe, qui ne saurait être divisée sans être détruite, et qui vit d'une existence propre, capable d'assurer ses grandes fonctions vitales, de relation, de nutrition et de reproduction. Or le fœtus n'est *jamais autonome dans le milieu*. C'est pourquoi certains lui refusent ce label d'individu. Ils comparent sa physiologie à celle d'une structure temporaire liée à la mère, un organe éphémère, ou mieux, parce que son génome est différent, à une sorte de parasite de la mère, d'ailleurs reconnu par elle comme étranger, faisant partie du « non soi » sur le plan immunologique.

« Être humain » ou non, « individu » ou non, l'embryon est-il une *personne humaine ?* Nous quittons évidemment le terrain de la biologie puisque cette notion appartient au droit, qui l'a empruntée à la théologie. La personne, c'est d'abord la personne *de fait*, la réalité biologique, le corps, l'individu physique. C'est aussi, et surtout, la personne *de droit*, le sujet agissant, rationnel et libre, titulaire de droits et d'obligations. C'est enfin la personne morale, groupement de personnes ou de biens, qui se voit reconnaître *une existence juridique*. En conséquence, *la personne ne peut en rien s'identifier ou se réduire à sa structure biologique*. Lorsque la loi affirme que « chacun a droit au respect de son corps », qu'il « ne peut être porté atteinte à son intégrité », c'est la personne au travers de son corps qui est protégée. La légitimité de pratiques sur le corps est reconnue, qu'elles soient conduites dans l'intérêt de la personne (intervention chirurgicale), ou dans un intérêt autre (dons et greffes par exemple). C'est donc bien « le monde de l'homme », la parole publique, décidée en commun et librement consentie, qui définit la personne et décrète le respect absolu qu'on lui doit. Liberté, dignité et respect en constituent le socle. C'est pourquoi la personne s'enracine dans l'histoire sociale et culturelle de l'humanité : elle n'est pas une totalité immédiate, un tout qui serait donné d'emblée comme l'admettait la vieille philosophie des essences. Sur fond de condition humaine universelle, elle se construit au cours de l'histoire individuelle de chacun, de même qu'elle se construit historiquement dans l'histoire de l'humanité. La personne humaine n'a pas exactement la même valeur dans toutes les cultures et toutes les civilisations. Lorsqu'on affirme que l'embryon est une personne « dès la fécondation », on court-circuite le temps, de même que l'on escamote la primauté du relationnel et de la présence à l'autre, le « spécifiquement humain ».

POURQUOI FAUT-IL INTERDIRE LE CLONAGE REPRODUCTIF ?

Utilisé en biologie depuis un siècle, le mot clone est entré avec fracas dans les médias et l'opinion publique en 1996 avec la naissance de *Dolly*, le petit mouton clone de sa mère. Pour réussir *Dolly* on a introduit dans un ovocyte préalablement énucléé le noyau d'une cellule de glande mammaire. Il a fallu réimplanter plusieurs centaines d'ovocytes, et Dolly s'est avérée plus vieille que son âge en raison du raccourcissement de l'extrémité des chromosomes et de l'accumulation des mutations somatiques chez sa mère. Elle a été euthanasiée en 2003. Depuis lors, la technique s'est étendue à de nombreux autres mammifères, mais elle n'est toujours pas entièrement maîtrisée, en particulier sur la *reprogrammation complète* de l'information génétique par le cytoplasme.

À l'exception de quelques gourous illuminés descendus de leur soucoupe, le clonage reproductif *chez l'homme* est quasi unanimement condamné. La loi réactualisée en 2004 en fait « un crime contre l'espèce humaine » et assortit son interdiction d'une peine de 30 ans de prison. Les risques physiques et psychiques pour le clone suffisent à justifier cette sévérité, mais au-delà, à supposer que la technique soit un jour maîtrisée, ce clonage doit certainement rester interdit *pour des raisons morales strictement humaines*, décidées d'un commun accord, et librement consenties. Parce qu'il remet en cause l'unicité génétique de l'individu, par principe irréductible à la volonté d'un autre. Parce qu'il est un abus de pouvoir d'un parent sur sa descendance et pourrait annuler la réciprocité entre « égaux de naissance ». Parce qu'il désexualise l'origine ; or la sexualité, avec ses règles, ses tabous et ses interdits a, tout comme le langage, un rôle central, structurant et organisateur de l'humain dans tous ses registres, y compris les plus intellectuels. Sur ce plan il est comparable à l'inceste dont l'interdit n'est pas d'essence biologique, mais a pour fonction première de structurer la place de chacun dans les relations de filiation et de parenté. Enfin, parce qu'il alimente les pires idéologies et fantasmes : primat du génétique (les gènes détermineraient ce que nous sommes) ; mythe absurde de « l'enfant parfait » et de la hiérarchie des personnes ; fantasme fou d'immortalité et de réincarnation... En cela, à l'image de la thérapie germinale, il porte les risques d'un nouvel eugénisme. Pour toutes ces raisons, qui ne sont pas d'ordre scientifique, oui, il faut interdire le clonage reproductif chez l'homme ! Sans oublier qu'il représente une sordide affaire financière et la possibilité d'une marchandisation et d'un commerce des ovocytes.

La qualification de *« crime contre l'espèce humaine »* est en revanche davantage controversée. D'un côté elle privilégie chez l'homme la dimension biologique, ce qui est une erreur, de l'autre elle suggère l'idée d'un crime contre le « Dieu créateur », ce qui ne peut faire l'unanimité. Le Droit républicain ne peut découler, ni d'une soi-disant nature humaine, ni d'une transcendance supposée : il est toujours l'émanation d'une culture qui, seule, peut décider des normes. Et surtout cette formulation porte le risque d'exclure et de remettre en question l'humanité d'un enfant né par clonage, ce qui ouvrirait la voie à des dérives inadmissibles. Le fait d'être né d'une technique proscrite ne doit pas davantage stigmatiser les enfants à venir par clonage que ne sont stigmatisés les enfants issus d'un viol lui aussi criminalisé. Car ce n'est pas la technique ou la façon de naître qui nous fait accéder à l'humanité.

POURQUOI FAUT-IL AUTORISER « LE CLONAGE THÉRAPEUTIQUE » ?

Le « clonage thérapeutique » est lui aussi interdit par la loi de 2004 en France, et assorti d'une peine de 7 ans de prison. Mais il est autorisé légalement dans d'autres pays, le Royaume-Uni ou la Corée du Sud par exemple. Comment expliquer cela ? Il faut d'abord rappeler qu'*il n'a rien à voir avec le précédent* (d'où la présence des guillemets). Sa finalité est tout autre : il n'est pratiqué qu'à des fins médicales et de recherche, pour soigner les malades. Or, qui peut nier que la finalité d'une chose ne lui donne sa valeur ? Une graine qui pourrit n'a pas la même valeur qu'une graine qui germe ; une violence justifiée à l'encontre d'un dictateur, pas la même valeur qu'une guerre injuste contre tout un peuple. Certes, le « clonage thérapeutique » commence comme le précédent. On introduit le noyau d'une cellule somatique dans un ovocyte énucléé, et l'on pratique une culture in vitro. Mais *il n'y a pas de réimplantation.* Il n'y aura pas de clone. L'objectif est l'obtention des fameuses cellules souches dites à tort « embryonnaires ». À tort, car de l'avis de nombreux chercheurs les termes d'embryon et de clonage sont usurpés et détournés de leur sens. En effet, il n'y a *aucune fécondation*, aucun brassage génétique, donc ni œuf, ni véritable embryon. La cellule mixte obtenue est un matériel cellulaire composite avec les gènes nucléaires d'un parent et le cytoplasme d'un autre. Il n'y a pas lieu d'avoir plus de respect devant cette cellule que n'importe quelle autre de l'organisme. On imagine le scénario suivant : une personne malade demande à sa mère, sa fille, sa femme ou son amie de lui faire *un don d'ovocytes*. Les médecins réalisent alors le transfert du noyau d'une cellule du malade. Après culture in vitro les cellules souches obtenues représentent une source de greffe cellulaire totalement compatible avec le malade, sans aucun risque de rejet immunitaire. On le voit, à moins de sacraliser l'information génétique, il n'y a dans cette histoire aucune mise en cause de quelque valeur morale que ce soit. Ajoutons enfin que cette interdiction fait prendre à notre pays un retard préjudiciable dans la recherche.

Les opposants à ces *transferts de noyaux somatiques* considèrent qu'ils constituent un pas vers le commerce des ovocytes et l'instrumentalisation des femmes obligées de les vendre. L'argument ne tient pas car il suffit d'interdire ce commerce et de l'assortir d'une peine d'emprisonnement. Ils disent que ces techniques ouvriraient la voie au clonage reproductif. C'est l'argument de « la pente glissante », du « doigt dans l'engrenage », totalement inacceptable car c'est faire un procès d'intention injurieux pour nos chercheurs. Ce n'est pas parce que deux processus commencent de la même façon qu'ils sont les mêmes, et toute entreprise humaine est porteuse de risques ; c'est à nous de les maîtriser, les lois sont faites pour cela. Faut-il interdire à l'enfant de marcher, ou de faire du vélo, ou de penser, alors même que ce peut être « dangereux » pour lui ou pour les autres ? Ils affirment que le projet est irréaliste et mal maîtrisé, trop consommateur d'ovocytes... C'est vrai, mais c'est bien justement pourquoi il faut poursuivre les recherches ! Enfin celles-ci seraient une « transgression » sans que l'on sache clairement s'il s'agit de transgresser « le divin » (et risquer la colère des dieux) ou « la Nature »... Mais on a dit la même chose des premières dissections de cadavres, des premières vaccinations, des premières greffes d'organes, des premières fécondations in vitro... Et l'on dira de même des futures greffes d'organes animaux, des essais de thérapie génique ou encore des greffes de cellules souches dans le cerveau. La peur du changement est sans limites.

FAIRE UN ENFANT SANS GROSSESSE ?

Un squelette souple de biomatériaux en trois dimensions, des cellules de muqueuse utérine qui le recouvrent et l'envahissent en se multipliant, et, déposé au-dessus, *un embryon de souris* de quelques jours obtenu par fécondation in vitro, le tout plongé dans une solution complexe, aérée, nutritive et hormonale : l'embryon s'implante comme il le ferait dans l'utérus maternel, construit un faux cordon ombilical, et poursuit son développement. Voilà la prouesse technique récemment réalisée par une équipe américaine. Certes, le développement n'a pas atteint son terme, il s'est interrompu à 17 jours sur les 24 que dure normalement la gestation. Mais, dès lors, apparaît la possibilité, dans un très lointain avenir, du passage à l'espèce humaine. Les difficultés techniques sont considérables, mais il ne paraît pas y avoir d'obstacle théorique fondamental, les problèmes étant du même ordre que pour le rein artificiel, mais en plus compliqué. *L'ectogenèse* ou gestation en dehors du corps de la femme, entre désormais dans le champ du débat. Celui-ci reste du domaine de la prospective et de la science-fiction, mais il peut éclairer nos problèmes éthiques actuels. C'est le thème auquel nous invite à réfléchir Henri Atlan dans son récent ouvrage, *L'utérus artificiel* (Le Seuil). Pour lui, l'acceptation de cette technique se fera certainement en deux temps : les premières justifications seront médicales, il s'agira de sauver de grands prématurés ou de permettre à des femmes sans utérus de procréer ; puis la demande, au nom du droit à disposer librement de leur corps, s'élargira à des femmes désireuses de s'épargner les contraintes d'une grossesse. Les femmes revendiqueront peut-être un jour

« un enfant si je veux, quand je veux, *comme je veux* » nous dit Henri Atlan qui ajoute : « c'est la continuation d'un bouleversement de la condition humaine commencé au 20e siècle avec les techniques de contraception et de procréation médicalement assistée... Les femmes auront la liberté de faire des enfants sans grossesse et sans accouchement... La fonction maternelle, telle que nous la connaissons depuis l'origine de l'espèce humaine, va changer de nature... L'ectogenèse va installer une symétrie qui n'a encore jamais existé entre les hommes et les femmes, une égalité parfaite dans les taches procréatives ». Reste, et ce n'est pas négligeable, la question de l'enfant. Déjà, l'existence des FIV avec don de sperme, des « mères porteuses » ou les adoptions par des couples homosexuels, si elles bouleversent les structures familiales et les liens de filiation, montrent qu'un enfant, accueilli dans une famille désirante et aimante, ne souffre en rien. En serait-il de même avec l'ectogenèse ? On sait que le lien avec la mère se tisse avant la naissance : aux 8e et 9e mois le fœtus est capable d'entendre et de différencier une voix d'homme et une voix de femme et, parmi les voix de femmes, celle de sa mère. La « machine utérine » devra reproduire un environnement sonore sécurisant, singulier bruit de fond mêlant clapotis cardiaques et bruits intestinaux duquel émerge la parole déformée de la mère seule capable de rompre la confusion et de donner une première signification au monde. « La parole maternelle est une caresse » nous dit Boris Cyrulnik.

SUR LE FIL DU RASOIR

En quelques dizaines d'années seulement, les avancées de la science ont fait entrer l'humanité dans une nouvelle étape de son histoire : *la maîtrise, au moins partielle, de sa procréation* par les techniques médicales issues de la biologie.

Les pilules contraceptives, l'IVG, l'allaitement non maternel, la péridurale, le dépistage prénatal de diverses maladies et malformations, l'échographie généralisée à partir des années 1980, la FIVETE enfin dans la diversité de ses techniques, et aujourd'hui le DPI (diagnostic préimplantatoire)... autant d'outils acquis en une ou deux générations seulement. Une grande part du mystère de l'enfantement a disparu ; le fœtus, d'imaginaire et d'inconnu, est devenu réel et bien visible, et ses clichés entrent dans l'album de famille. La surveillance de la grossesse s'améliore sans cesse et l'AMP ou la médecine fœtale sont de plus en plus fréquemment sollicitées par des personnes en souffrance. Près d'un million d'enfants sont nés aujourd'hui dans le monde après FIV. La dissociation entre procréation et sexualité est de plus en plus radicale. L'activité sexuelle est dorénavant reconnue non seulement comme pouvant être liée à la reproduction, mais aussi comme autonome, expression et facteur de plaisir et de bien-être individuel. Le traitement du dysfonctionnement érectile d'origine physiologique, comme celui des troubles organiques de la ménopause, la fait entrer dans le domaine social de la santé, avec ses médicaments, ses exigences et sa logique. Dans un monde régi par l'économie et la loi du marché, marqué par la logique de performance et la recherche du « bonheur immédiat », le risque est grand qu'elle ne devienne un produit de consommation comme les autres.

Devant ces faits, les réactions sont diverses. Les uns y voient un progrès incontestable, un mouvement libérateur, l'affranchissement des impératifs biologiques vers plus de spécifiquement humain, la confirmation de la marche de l'humanité vers plus de libertés. « L'utérus artificiel » serait le pas ultime de la libération des femmes, l'instauration d'une véritable égalité entre les sexes. Les autres crient à la transgression, au non-respect des lois de la nature et des pratiques ancestrales, et ils rendent la science responsable.

La grossesse hors du corps maternel déposséderait les femmes de leur privilège naturel et leur ôterait le bonheur de la proximité charnelle avec leur enfant. Enfin, beaucoup craignent les dérives possibles : le désir légitime des parents d'avoir un enfant « normal », « comme les autres », pourrait conduire à celui, injustifié et illusoire, de « l'enfant parfait », et la médecine fœtale couplée à la génétique en deviendrait l'instrument redoutable (voir chapitre III).

C'est encore une fois la vision la plus intime que nous avons du vivant, de l'embryon et du fœtus, mais aussi de nous-mêmes et des autres, qui guide nos convictions sur ces questions. Cette vision doit s'enraciner dans les données scientifiques, mais elle n'en découle pas. L'embryologie décrit et explique, avec les concepts qui sont les siens, créés par la biologie. Ni grand mystère, ni lourdes polémiques : le modèle construit est de plus en plus précis et fidèle. Il affirme des vérités d'ordre scientifique : le « commencement de la vie » est une illusion, l'expression « dès la fécondation » un non-sens ; l'embryon ne possède aucun des attributs spécifiques de l'humain ; il est vivant mais cela n'en fait pas une personne. Nous devons intégrer ces données, même si elles remettent en cause certaines de nos idées, mais ce ne sont pas elles qui définissent les valeurs morales qui déterminent nos choix. L'homme est toujours sur le fil du rasoir. À lui de ne pas confondre science et morale.

Chapitre IV

LE GÈNE, LE PROGRAMME, LE HASARD ET LE PROGRÈS

Douter de tout ou tout croire sont deux solutions également commodes qui l'une et l'autre nous dispensent de réfléchir.
Henri Poincaré

Pourquoi un couple humain engendre-t-il toujours un enfant ? Un chien toujours un chien ? Pourquoi cet enfant ressemble-t-il parfois plus à son père, parfois plus à sa mère ? Pourquoi certains caractères sautent-ils une génération ? Qu'est-ce qui détermine si ce sera un garçon ou une fille ? L'homme, qui est curieux, s'est posé depuis toujours ces bonnes questions. Mais l'homme, qui est pressé, n'ayant pas les moyens de comprendre, a donné des réponses pour le moins prématurées et fantaisistes, reflétant les idées culturelles dominantes et l'état des rapports sociaux, particulièrement l'inégalité entre les sexes. Tout vient du père, a-t-on répété pendant des siècles !

Aujourd'hui, *la génétique* a véritablement envahi toute la sphère culturelle et économique. Elle fait naître autant d'espoirs que de craintes, et réveille de vieilles angoisses. Mais pour la première fois dans l'histoire de l'humanité, l'ensemble de la société s'intéresse, discute, accompagne dès leur émergence des progrès scientifiques d'importance. C'est un signe de maturité sociale, même si le débat reste empêtré dans les passions, les idéologies et les intérêts personnels.

UNE DÉCOUVERTE PRÉMATURÉE

Au milieu du 19e siècle, on croit tout à la fois à la « spontanéité vitale », une force mystérieuse qui rend compte du côté capricieux de l'hérédité ; au « tout héréditaire », les caractères physiques et intellectuels se mélangent et se transmettent selon la théorie en vogue du « criminel né » ; à l'hérédité globale et directe, on parle de « mélange des sangs » et de « mélange des sèves » ; à la transmission des caractères acquis par l'individu, affirmée aussi bien par Lamarck que par Darwin. En un mot : « l'hérédité est tout, la loi, une force, un fait ».

C'est dans ce contexte que Mendel en 1865 réalise ses travaux d'hybridation sur le petit pois. Il n'est pas le moine égaré dans son siècle que l'on présente souvent. Fils d'un modeste paysan de Moravie il a donné des cours pour payer ses études, et acquis une solide formation pluridisciplinaire. Le monastère qui l'accueille est spécialisé dans les croisements entre végétaux et distribue chaque année un prix récompensant les meilleurs. Dans ce cadre, les travaux de Mendel sont un modèle de rigueur expérimentale, illustrant une attitude résolument *analytique* : il n'étudie que quelques caractères, et un à un. Et il travaille sur les grands nombres, sème plus de 35 000 graines, ce qui lui permet d'établir des lois statistiques. Mais son véritable génie est dans sa capacité à penser autrement : derrière l'apparence, la couleur uniforme de la graine, il imagine la dualité. L'hybride est jaune, mais il détient aussi la recette de la couleur verte. La révolution conceptuelle est là : la double commande de chaque caractère, l'existence de *deux facteurs héréditaires pour un même caractère !* Spermatozoïde et ovule ne transmettent chacun qu'un de ces facteurs, lesquels se retrouvent ainsi juxtaposés dans la cellule œuf et toutes les cellules du descendant. Bien qu'il ait envoyé ses travaux à toutes les sociétés savantes de l'époque, Mendel est incompris et ses idées sont oubliées. C'est que les esprits ne sont pas prêts à changer, d'autant moins que le rôle majeur accordé au hasard (les résultats ne s'expriment qu'en termes de probabilités) remet en cause une fois encore l'action providentielle du Grand Architecte de l'Univers.

DU GÈNE ABSTRAIT AU GÈNE CONCRET

De Mendel à aujourd'hui, la vision a bien changé, on est passé d'un gène métaphysique à un gène… *produit chimique breveté !* Mendel ignore le mot mais perçoit le concept : c'est quelque chose, une abstraction, un pouvoir mystérieux, qui contrôle un caractère. Les « lois de Mendel » sont redécouvertes en 1900, le mot gène est créé en 1906, et très vite, les travaux de Morgan sur la drosophile, la petite mouche du vinaigre, démontrent que les gènes, à la manière des perles d'un chapelet, sont portés par les chromosomes qui deviennent « les artisans du sexe et de l'hérédité » selon la jolie formule de Jean Rostand. Le gène est alors conçu comme une *quadruple unité* indivisible : de position (à un emplacement donné), de fonction (il produit un caractère), de mutation (il peut changer brusquement), de recombinaison (une copie peut s'échanger avec une autre). Dans les années 1920, le gène *éclate* : les travaux sur les micro-organismes montrent qu'il est fait de sous unités, mais on ne connaît pas sa nature. Ce n'est qu'en 1944 qu'on découvre, à la stupéfaction générale, qu'il est fait d'ADN, et ce n'est qu'en 1953 que l'on en comprend la structure avec le fameux modèle en double hélice. Les années soixante permettent d'en cerner le fonctionnement et la régulation, et l'on découvre *le code génétique*, le dictionnaire permettant de passer du langage en quatre lettres de l'ADN (acide désoxyribonucléique) à celui, en vingt lettres, des protéines. À chaque triplet de bases correspond un acide aminé. Dès lors s'impose comme une vérité incontestable le fameux « dogme central de la biologie moléculaire » : un gène (une séquence d'ADN) engendre par copie un ARN (acide ribonucléique), le messager intermédiaire qui engendre à son tour une protéine (souvent une enzyme) responsable du caractère. « L'ordre de l'ordre est linéaire » dit Jacques Monod pour traduire le fait que la complexité cellulaire elle-même trouve in fine son explication dans la suite des bases de l'ADN.

Mais ce modèle linéaire et mécaniste va s'avérer simpliste, et l'on entre dans une période de révisions parfois déchirantes, qui bouleversent une fois encore la vision du vivant. L'ADN n'est pas seul à détenir de l'information génétique, ce peut aussi être l'ARN, et l'information peut aller à rebrousse-poil, *de l'ARN vers l'ADN* ! Les gènes ne sont pas seulement dans le noyau des cellules, on en trouve aussi *dans le cytoplasme* (dans les mitochondries et les chloroplastes) ! Un gène (dit alors morcelé ou en mosaïque) est souvent fait de morceaux silencieux non codants alternant avec les parties codantes et c'est un épissage qui aboute la bonne information ! Un même gène peut coder *plusieurs protéines* différentes, et inversement il faut plusieurs gènes pour faire une seule protéine (c'est le cas pour l'hémoglobine par exemple) ! Il existe des gènes « *chevauchants* » (qui se superposent partiellement), des gènes *répétés « en tandem »*, des gènes *mobiles*, capables de se déplacer dans le génome, des *pseudogènes dégé*nérés au cours de l'évolution, des gènes « *orphelins* », etc., etc. Les gènes fonctionnent en réseau, et il existe même *une hiérarchie entre eux :* ceux du contrôle du développement, qualifiés *d'architectes*, fonctionnent comme un commutateur qui tient sous sa dépendance de nombreux autres gènes, si bien qu'une seule mutation peut avoir des effets considérables sur l'être en formation. Au bout du compte, là où le dogme central impliquait la stabilité de l'ADN, son « invariance », on découvre son extraordinaire *malléabilité et son dynamisme* : en permanence, tout un cortège d'enzymes l'enroulent, le démêlent, le réparent, et recombinent des morceaux ; il s'oxyde avec le temps, il vieillit, il est le siège d'un « bricolage incessant »... Et l'on découvre *l'ADN non codant*, largement dominant puisqu'il représente plus de 95 % des trois milliards de bases de notre génome : ADN « *poubelle* », fait d'anciens gènes qui, par accumulation de mutations au cours de l'évolution, sont devenus non fonctionnels ; ADN « *égoïste* » constitué d'éléments transposables, souvent répétés des millions de fois, dont la seule fonction est d'assurer leur propre maintien ; ADN « *parasite* » fait des vestiges de rétrovirus ayant infesté les primates ancestraux ; ADN « *mystère* » dont on ne sait absolument rien ! Plus récemment, avec la découverte de *l'empreinte génomique*, il apparaît que les mêmes gènes s'expriment différemment selon qu'ils proviennent de la mère ou du père. C'est dire que la science ne s'arrête jamais : les plus belles découvertes sont toujours à venir, et il reste toujours du grain à moudre pour les jeunes générations.

LE PASSAGE À LA VITESSE SUPÉRIEURE

Résumons. 1900 : la redécouverte des lois de Mendel ; 1906 : le mot gène ; 1920 : la théorie chromosomique ; 1944 : la nature chimique du *gène ;* 1953 : la structure en double hélice ; 1965 : le mode d'action, la régulation et le code génétique. Et, à partir des années 75, on devient capable, grâce aux outils moléculaires prélevés sur les bactéries, de *repérer* un gène, de *l'isoler*, et de *le transférer* à l'aide d'un vecteur d'une cellule à une autre, et même d'une espèce à une autre. Et là, il s'exprime, permet la synthèse d'une protéine. La fabrication, ou « la création » comme on voudra, d'un être vivant qualifié de *transgénique* est désormais possible. Cette technique n'existe qu'en raison de l'extraordinaire unité du vivant, conséquence elle-même de son origine commune, et de l'universalité du code génétique, le même « de la bactérie à l'éléphant » selon l'expression de Jacques Monod.

Dès lors une question posée, et elle n'est pas neutre puisque la réponse qu'on lui donne oriente toute la réflexion, est la suivante : *le génie génétique s'inscrit-il dans la continuité ou représente-t-il un changement qualitatif dans l'évolution des techniques, radicalement différent de tout ce qui a été fait jusqu'ici ?* Ceux qui posent la question répondent toujours par l'affirmative, parlent de « transgression » et de « franchissement de la barrière naturelle des espèces ». Les autres doutent et mettent en avant la nécessité immémoriale de n'utiliser la connaissance et le savoir que pour le bien de l'homme. Mais tous sont d'accord pour constater que le génie génétique représente *un changement d'échelle* : les transferts de gènes confèrent une vitesse de transformation des organismes sans commune mesure avec les techniques de croisement et de sélection ; le passage d'un gène d'une espèce à l'autre permet de créer des individus et donc des lignées originales, *inexistantes dans la nature,* et d'un grand intérêt pour l'homme. Ce changement d'échelle concerne la puissance de nos actions, et donc aussi celle de nos responsabilités. À nous de savoir en tenir compte.

LE PROGRAMME ET LE PROGRAMMEUR

Comme on l'observe souvent dans l'histoire des sciences, l'accumulation de remises en causes successives dans le cadre d'une théorie bien établie, finit par faire exploser ce cadre, et une vision radicalement nouvelle apparaît. Des concepts qui paraissaient évidents sont alors remis en cause : c'est le cas du fameux *programme génétique* dont le succès vient de sa résonance avec l'opinion, laquelle a projeté sur lui une vision largement idéologique dans le droit fil de *la préformation*.

Le programme d'un spectacle, d'une cérémonie, d'un cursus scolaire, est « *ce qui est écrit à l'avance* », qui annonce le déroulement des différents événements. L'idée inclut celle d'un projet, d'un dessein. En informatique, le programme est l'ensemble des règles instituées pour que le matériel puisse résoudre un problème donné. Ainsi comprise, la notion est *très dangereuse lorsqu'elle est appliquée au vivant*. Elle suggère un concepteur, programmateur ou Grand Architecte, et souffre en cela du pêché capital de *finalisme* : une intention et un but sont prêtés à la Nature. L'analogie, pourtant justifiée, entre l'information génétique et une écriture ou un langage dont l'alphabet est de quatre lettres, augmente encore la confusion. En fait, pour une cellule ou un être vivant donné, l'information n'est pas apportée de l'extérieur et aucun projet ne l'a ni conçue ni écrite. Le vivant en hérite puisqu'elle est transmise de génération à génération et résulte d'une longue évolution chez les ancêtres. Les variations aléatoires, qui créent du nouveau, couplées à la sélection naturelle qui élimine les combinaisons non viables, expliquent ce qu'elle est aujourd'hui.

De plus, l'idée de programme évoque un ordinateur et implique à tort *un déterminisme absolu*. Certains, particulièrement dans les médias, attribuent à l'ADN les pouvoirs d'un véritable dieu : l'individu à venir serait virtuellement présent dans son ADN, il serait *génétiquement programmé*. Or, si l'information détenue dans la séquence de l'ADN représente bien un recueil de données et de recettes nécessaires et indispensables à l'édification et au fonctionnement du vivant, de tel ou tel vivant particulier et pas de tel autre, cette information *n'est rien sans son environnement, qu'il soit cytoplasmique ou extérieur*. La preuve en est que lorsqu'on transfère le noyau d'une cellule spécialisée et différenciée dans un ovocyte préalablement énucléé (le fameux clonage), son information est toute chamboulée : des gènes, jusque-là inhibés et endormis, entrent en activité, d'autres, jusque-là actifs, s'éteignent et deviennent silencieux. C'est bien l'environnement, ici le cytoplasme, qui met en route et contrôle de manière absolue l'activité des gènes. Il n'y a donc *pas de programmation préexistante* dans l'information génétique, pas de plan, pas de projet, pas d'anticipation. Et s'il fallait localiser un esprit directeur donnant des ordres, c'est autant dans les signaux moléculaires venus de l'extérieur que dans l'ADN qu'il faudrait le situer. L'interdépendance est absolue : pour s'exprimer, être lue et traduite en molécules effectrices, l'information nécessite… les produits de sa propre lecture !

Enfin, poser une hiérarchie entre gène et milieu est absurde puisque les parts respectives de l'un et de l'autre ne sont pas séparables et donc ni mesurables ni susceptibles d'addition. L'information ne suffit pas à définir la vie ; l'information et la machinerie qui permet de la traiter, non plus ; il faut y ajouter, dans des conditions particulières, l'interaction avec l'environnement. Au bout du compte *la cellule, ou l'organisme, contrôlent le génome tout autant que l'inverse.* De linéaire la causalité est devenue circulaire.

LE HASARD, LE DÉTERMINISME ET LA COMPLEXITÉ

Mais il y a plus : ce n'est pas seulement d'éclaircissements et de compléments que ce modèle du programme génétique a besoin, mais bien d'une véritable refonte, voire d'une réelle substitution. « La révolution de l'aléatoire est en marche » dit Jean-Jacques Kupiec. Par là, il veut signifier que le traitement de l'information, l'expression des gènes et leur régulation, l'activité des ARN et des protéines, donc au bout du compte la cellule comme unité structurale et fonctionnelle, son devenir et son histoire, semblent relever de *mécanismes aléatoires autant que déterministes.* Des données expérimentales solides montrent qu'un gène n'obéit pas à la loi du tout ou rien, il n'est pas ou éteint ou actif, mais son état relève d'un *comportement probabiliste* en fonction de l'environnement. Et dans les mêmes conditions il a encore plusieurs possibilités, une « marge de manœuvre », une part de « liberté ». Les deux copies d'un même gène, ou deux mêmes gènes dans deux cellules voisines, le même gène enfin à deux instants successifs, pourront ainsi se comporter différemment, ce qui augmentera la variabilité dans les résultats.

Un total renversement de pensée s'impose peu à peu : le hasard devient *inhérent et consubstantiel à la matière.* Il n'est pas une illusion qui serait la conséquence de notre incapacité à tout comprendre, et que les progrès de la connaissance pourraient éliminer. Il n'exclut, ni le déterminisme, ni l'inévitabilité, car l'indéterminisme à un niveau peut générer de l'ordre à un autre niveau. Dans un gaz ou un liquide, le mouvement désordonné et chaotique des molécules engendre un ensemble cohérent, doté de propriétés (comme la température) entièrement déterminées et maîtrisables. Et c'est le « bricolage aléatoire incessant » de l'information génétique qui, couplé à la sélection naturelle, rend compte de l'histoire évolutive. Celle-ci nous paraît orientée, va du simple au complexe et nous donne cette impression ineffaçable de progrès évolutif parce que la sélection ne peut jamais revenir en arrière. Ainsi, la biologie suit la voie de la physique quantique : elle installe le hasard au cœur même des cellules et des organismes. *Elle généralise et unifie la vision darwinienne du vivant*. Le couple variation aléatoire–sélection devient le dénominateur commun qui s'applique désormais à tous les niveaux d'organisation et de fonctionnement, du gène à l'écosystème. En conséquence notre vision de la complexité se complique encore ! Nous sommes habitués à une vision déterministe et rassurante d'un monde semblable à une machine : tout y paraît parfaitement défini, explicable, et nous avons l'illusion que l'univers et le vivant sont faits pour nous. Adopter une vision probabiliste nous déstabilise, car comme le dit Jean-Jacques Kupiec : « Accepter le hasard au plus profond de nous-mêmes conduirait à une perte de sens généralisée et contredit l'idée d'un dessein dans la nature ». Admettre que nous sommes sur Terre par le seul fait du hasard contredit le sentiment d'une nécessaire justification de notre présence et de la « mission » dont nous considérons être investis. Entre hasard et nécessité nous sommes partagés, comme le sont la nature et le vivant. Selon notre penchant, notre sensibilité éthique est elle aussi écartelée.

LES TESTS, LES EMPREINTES, LE FICHIER ET LA LIBERTÉ

Plus encore que cette remise en cause d'ordre philosophique, ce sont les prouesses techniques de la génétique qui sont source de débat. On sait aujourd'hui identifier les anomalies, gènes altérés ou mutés, responsables de plusieurs milliers de maladies, les unes monogéniques, les autres plurigéniques et plurifactorielles. On sait en traiter certaines ; on ne sait pas le faire pour la plupart ; quelques-unes, que l'on peut repérer dès la grossesse, n'apparaissent… que 50 ans plus tard ! À qui faire ces tests ? Qui doit en faire la demande ? Qui doit décider (l'individu, le médecin, la société) ? À qui appartient l'information (au patient, au médecin, à la famille) ? Si j'apprends que je suis porteur d'une grave anomalie génétique, que dois-je faire ? Le dire à mon frère ou ma sœur ? À mon futur conjoint avec qui je voudrais un enfant ? Quelles peuvent en être les conséquences psychologiques ? Est-il préférable de savoir ou de ne pas savoir ? Quelle liberté pour celui à qui l'on apprend qu'il mourra de la maladie de Huntington vers la quarantaine ? Quelle culpabilité pour celui qui sait qu'il transmettra une redoutable mutation à sa descendance ? Et le secret médical dans tout cela ? Et l'assistance à personne en danger ? Sur un tout autre plan : faut-il interdire aux banques et aux assureurs l'accès à ces informations ? Et aux employeurs ? On le voit, le seul fait de poser ces questions suffit à démontrer la difficulté et la relativité des réponses, ainsi que les possibles lignes de fracture séparant les intérêts des uns et des autres, ceux des individus et ceux de la collectivité. Ajoutons qu'un seul test, réalisé sur des millions d'individus, représente des sommes considérables : la compétition est féroce, les pressions sont énormes.

On possède des kits de prélèvement de salive et des chaînes d'analyse entièrement automatisées capables de réaliser toutes les étapes, de l'extraction de l'ADN à l'établissement du profil génétique de l'individu, les fameuses *« empreintes » ou « codes-barres génétiques »*. Les conséquences socio-économiques et culturelles sont considérables. Dans *le domaine judiciaire* et de la preuve scientifique : des condamnés à mort ont été innocentés, des auteurs de viols et de crimes ont été confondus par leur ADN. Dans *la recherche de paternité,* comme l'a illustré l'exhumation de la dépouille d'Yves Montand. Dans *la recherche historique* : on a retrouvé des fragments d'ADN appartenant à des personnages morts il y a plusieurs centaines d'années, et même à l'homme de Néandertal ! Dans quel cadre utiliser ces informations ? Faut-il établir pour chaque individu une carte d'identité génétique ? *Le fichier central informatisé,* créé en France en 1998, ne concernait, à l'origine, que les infractions de nature sexuelle. Son champ a été étendu par la loi sur la sécurité intérieure, et il concerne aujourd'hui la quasi-totalité des crimes, délits et trafics. Il peut même être sollicité pour une personne simplement « mise en cause » dans le cadre d'une enquête, et le refus de prélèvement est en outre puni par la loi. Est ainsi puni par la loi. Est ainsi largement posée la question du respect de l'intimité et de la vie privée de la personne, donc de sa liberté.

LES DIAGNOSTICS ET LES RISQUES D'EUGÉNISME

Depuis les années 1960, *l'amniocentèse* permet de prélever du liquide amniotique et avec lui des cellules appartenant au fœtus. Dans une famille à risques on peut ainsi repérer la trisomie 21 et diverses mutations génétiques. Depuis les années 1980, *l'échographie* s'est généralisée : les ultrasons traversent les tissus sans les endommager, et donnent des images qui figurent désormais dans l'album de famille. En cas d'anomalie grave et incurable, les parents sont confrontés à un choix : réaliser ou non une interruption volontaire de grossesse (IVG). Une interruption médicale de grossesse (IMG) peut être proposée, après concertation entre l'équipe médicale et les parents. Plus récemment *le diagnostic préimplantatoire* (DPI), autorisé pour les familles présentant le risque de survenue d'une « maladie d'une particulière gravité », consiste en l'analyse génétique d'une cellule prélevée sur un embryon, donc après fécondation in vitro et avant son transfert dans l'utérus. Seuls les embryons non atteints sont réimplantés.

Le dépistage et le diagnostic prénatal renvoient au débat éthique sur *« la normalité »*. Comment dire si telle ou telle malformation est « d'une particulière gravité » ? La libre décision de la mère et du couple, et leur désir d'éviter la souffrance d'un enfant trop gravement atteint, doivent être respectés. Ces nouvelles technologies alimentent aussi le débat sur les risques d'*eugénisme*. Le mot désigne *« l'ensemble des méthodes permettant l'amélioration génétique de l'espèce humaine »*. Dans la première moitié du 20e siècle, dans le cadre de programmes médicaux officiels et plus ou moins volontaires, des dizaines de milliers de personnes (surtout des femmes) ont été stérilisées dans des pays démocratiques, États-Unis et Europe du Nord surtout. À partir des années 1930 en Allemagne se sont développées les notions absurdes de « *race pure* » et de « *race supérieure* ». Et à partir de 39 elles ont été employées pour justifier l'élimination massive des juifs, des tziganes et des handicapés. Les horreurs nazies, lorsqu'elles ont été connues ont jeté un opprobre définitif sur l'eugénisme. Notre Code pénal précise : « le fait de mettre en œuvre une pratique eugénique tendant à l'organisation de la sélection des personnes est puni de vingt ans de réclusion criminelle ».

Aujourd'hui, certains craignent une lente dérive eugénique, un eugénisme d'autant plus redoutable qu'il serait « *médical, privé et rampant* ». Le désir absurde des parents d'avoir « *un enfant parfait* » conduirait à une augmentation du nombre des IVG. Certains pourraient en arriver à vouloir choisir le sexe ou la couleur des yeux de l'enfant. En novembre 2000, interpellé par les Présidents du Sénat et de l'Assemblée nationale, le Comité consultatif national d'éthique a émis un avis rassurant : « *L'hypothèse selon laquelle le désir des couples d'avoir un "enfant parfait" pourrait motiver un accroissement du nombre des IVG ne repose actuellement sur aucune évaluation chiffrée… Cela apparaît excessif et d'une certaine façon attentatoire à la dignité des femmes et des couples… Ce serait leur faire injure et les placer en situation d'accusés potentiels… Ainsi le risque d'une dérive eugénique évoqué ne paraît pas fondé* ».

Ajoutons que l'idéologie eugéniste ne repose sur aucune base scientifique, tout simplement parce que les gènes mutés responsables de la plupart des maladies génétiques ne se manifestent qu'à l'état homozygote (lorsqu'ils sont en double exemplaire). À l'état hétérozygote (une copie mutée, une non mutée) ils passent inaperçus et se transmettent ainsi de générations à générations. De plus, les gènes mutent en permanence, chez chaque individu, en particulier lorsqu'il fabrique ses cellules sexuelles, et chacun transmet ainsi des mutations à sa descendance. Remarquons enfin que ces technologies modernes de repérage génétique confrontent nos sociétés à *la réalité des inégalités naturelles*. Il convient, en démocratie, de se donner comme objectif éthique de les combattre, de les supprimer, ou au moins de les compenser. C'est l'objectif depuis toujours du médecin dont la vocation est de *prévenir, de soigner et de soulager*. La médecine, associée aux acquis sociaux, feu, vêtements, cuisson des aliments, hygiène, éradication de maladies, amélioration des conditions de vie et de travail, ne manque pas d'influencer la distribution statistique des gènes. Le génome humain, définitivement passé sous influence socioculturelle, est une réalité largement dynamique.

LES TRANSFERTS DE GÈNES ET LA QUESTION DES OGM

C'est en copiant des processus naturels à l'œuvre chez les bactéries que les généticiens deviennent capables, à partir des années 1975, de « manipuler » l'ADN, et, grâce à un vecteur, de transférer un gène d'une cellule et d'une espèce à une autre. Conscients du pouvoir qu'ils détiennent et des risques éventuels, les chercheurs décident d'interrompre leurs travaux jusqu'à prise de conscience et sécurisation des laboratoires. C'est le fameux *moratoire d'Asilomar* qui dure près d'une année. À l'origine du cri d'alarme, et protagonistes incontournables du débat actuel, les généticiens n'ont pas à culpabiliser, même s'ils sont parfois qualifiés « d'apprentis-sorciers ». Mélange inextricable d'enjeux politiques, scientifiques, économiques et culturels, le débat sur les OGM est envahi par les idéologies, les affirmations gratuites et les incantations outrancières qui font peur. Quatre grandes questions prêtent à controverse. Celle des *techniques utilisées* : sont-elles, par elles-mêmes, suspectes et dangereuses ? Sont-elles parfaitement maîtrisées ? Sont-elles « contre nature » ? Sont-elles moralement illégitimes ? Celle des *risques sur la santé humaine et des animaux* : près de 80 % des Français pensent que les plantes transgéniques sont dangereuses alors même que des millions de personnes dans le monde en mangent quotidiennement. Celle des *effets sur l'environnement* : on a prédit l'apocalypse, des pays entiers les ont pourtant largement adoptés. Celle enfin des *enjeux sociaux, économiques et culturels* : sont-ils un réel avantage agronomique ? Quelles conséquences sur l'agriculture et les agriculteurs ? Sur la mondialisation, l'uniformisation et la domination américaine ? Sur les relations entre les secteurs public et privé ? Sur les inégalités entre le Nord et le Sud ?

Un des fondements de l'éthique est le respect de l'intime conviction de chacun ; il ne s'agit donc pas ici d'asséner des affirmations péremptoires, d'autant que les réponses ne sont pas définitives et que les avis des scientifiques et des experts sont souvent partagés. On peut cependant faire quelques remarques méthodologiques peu contestables. *Sur les dangers de l'amalgame* : le pluriel, « les OGM », n'a aucun sens, à l'évidence seules les plantes transgéniques de grande culture sont refusées, pas les bactéries productrices de molécules pharmaceutiques ; de même ces plantes n'ont guère à voir avec l'utilisation qui en est faite, débat éternel entre la technique (l'électricité) et son usage (la chaise électrique). *Sur les généralisations abusives* : une étude de risques ne peut se faire qu'au cas par cas, et n'infère en rien quant aux végétaux voisins. *Sur les inégalités de traitement :* il faut comparer les effets des OGM à la situation actuelle, et donc exiger des plantes cultivées traditionnelles, cultures bio et autres, ce que l'on impose avec juste raison aux premiers ; de même, les risques ne sont pas envisageables sans être mis en balance avec les avantages. *Sur l'effet d'annonce et les affirmations invérifiables :* on peut pronostiquer bien des dangers sans risquer d'être contredit, surtout s'ils sont imaginaires, puisque la science par principe ne peut démontrer l'inexistence d'un phénomène. *Sur l'appel à l'affectif* enfin : c'est toujours sur un fond d'inquiétude et d'ignorance que l'on agite les chiffons rouges et les mots épouvantail qui font peur (« chimères », « manipulations », « pollutions géniques »...).

Nouvel alibi de la mondialisation libérale actuelle sous couvert d'un discours humanitaire ? Boucs émissaires du refus de cette économie et de la société qu'elle impose ? Les OGM sont certainement exploités à des fins partisanes. Entre obscurantisme peureux et scientisme naïf, c'est à chacun de se faire une opinion qui serait plus rationnelle que passionnelle. Les OGM, et cela est positif, ont le mérite de *poser de bonnes questions* sur les pratiques agricoles, les stratégies des grands groupes multinationaux, l'usage des herbicides, la résistance aux antibiotiques, l'agriculture intensive, questions qui auraient dû être débattues et donner lieu à des travaux de recherche depuis plusieurs dizaines d'années déjà.

LES THÉRAPIES GÉNIQUES : UN OPTIMISME PRUDENT

Dans ce domaine aussi, certains sont enthousiastes, d'autres prédisent l'apocalypse. La thérapie génique consiste à *remplacer ou réparer un gène défectueux responsable d'une maladie* dans les cellules ou l'anomalie s'exprime. Grâce à un véhicule qualifié de vecteur, une copie efficace du gène est insérée dans le génome et supplée le dysfonctionnement. Depuis une quinzaine d'années, plusieurs centaines de protocoles (soumis à des normes rigoureuses définies par la loi) ont été réalisées sur des milliers de patients. Plus de la moitié concerne des cancers, les autres diverses maladies d'origine génétique, innées ou acquises. Il est certainement trop tôt pour apprécier tous les résultats, mais le bilan est à ce jour décevant, au moins par rapport aux attentes. Des échecs, quelques succès, souvent incomplets. Le cas des « enfants-bulle » de l'hôpital Necker suivis par l'équipe dirigée par Alain Fischer et Marina Cavazzana-Calvo, est significatif. Il concerne des enfants atteints d'un déficit immunitaire sévère dû à une mutation sur le chromosome X, laquelle entraîne une déficience en une enzyme du métabolisme des acides nucléiques ; en conséquence les lymphocytes ne peuvent se multiplier dans la moelle osseuse. Des cellules souches prélevées sur les enfants malades sont infectées en laboratoire par un virus vecteur rendu non pathogène et porteur du bon gène, puis réintroduites dans l'organisme (comme il s'agit d'une autogreffe il n'y a pas rejet immunitaire). Le résultat paraît spectaculaire : après quelques mois, neuf des dix enfants traités ont pu regagner leur domicile et reprendre une vie normale. Malheureusement près de trois ans plus tard, une complication majeure est apparue chez deux d'entre eux : une leucémie exigeant une chimiothérapie hospitalière. Le succès est donc mitigé. On doit la réussite à l'emploi de cellules souches transformées capables de se multiplier d'autant plus rapidement qu'elles ont acquis la capacité de répondre aux facteurs de stimulation de l'organisme, ce qui leur a conféré un avantage sélectif : même peu nombreuses, les cellules réparées ont supplanté celles non corrigées et rétabli une immunité solide. La complication, la multiplication maligne des lymphocytes, serait due selon l'équipe traitante, à *une mutagenèse par insertion* : l'intégration du transgène, qui se fait en principe au hasard, donc le plus souvent dans les parties non codantes du génome, aurait eu lieu pour les deux enfants malades à proximité d'un gène impliqué dans les processus de cancérisation.

On le voit, les difficultés de la technique sont nombreuses et concernent toutes les étapes : le diagnostic préalable et l'isolement du gène efficace ; le choix du vecteur et son inactivation ; l'inclusion du bon gène dans le vecteur, accompagné de signaux moléculaires divers (« une véritable œuvre d'art scientifique ») ; la pénétration et l'acceptation par la cellule visée ; l'expression du gène producteur de la protéine manquante, son niveau d'efficacité, sa persistance plus ou moins longue, etc. Aujourd'hui, une voie particulièrement prometteuse est la fabrication de vaccins de nouvelle génération, *les vaccins à ADN*. Un vaccin traditionnel (en général un agent pathogène atténué) produit dans l'organisme des antigènes qui, reconnus par le système immunitaire, déclenchent une double réponse : la production d'anticorps spécifiques solubles dans le sang (réponse humorale), celle de lymphocytes qui sont alors activés (réponse cellulaire). L'idée est d'inoculer les gènes, et eux seuls, producteurs des antigènes vaccinants. Un tel vaccin ne peut entraîner d'infection, il est stable et permanent, et il peut être associé à bien d'autres en une seule administration. C'est un vaccin de ce type, largué par hélicoptère, qui est utilisé sur les renards contre la rage. Chez l'homme, les premiers résultats sont encourageants : contre le virus de l'immunodéficience humaine (VIH), contre l'agent du paludisme ou celui de l'hépatite B. Les essais cliniques qui évaluent l'efficacité ne seront terminés que dans quelques années, mais une voie nouvelle et prometteuse est désormais ouverte. Plus récemment, la découverte de petits ARN particuliers, *les ARN interférents et les microARN*, révolutionne plus encore les possibilités d'applications thérapeutiques. Il s'agit de petites copies monobrin de fragments d'ADN jamais traduits en protéines (un gène peut ne pas coder une protéine !) dont la fonction est de réguler, interrompre ou stimuler, l'activité d'autres gènes. La médecine acquiert ainsi un moyen efficace de « réduire au silence » de manière sélective tout gène perturbateur. Nul doute que les avancées théoriques dans la compréhension de la machinerie cellulaire n'entraînent à plus ou moins long terme des progrès significatifs dans le traitement de nombreuses maladies.

Pour la société, ces progrès entraînent la nécessité d'une réflexion de fond sur l'avenir de notre médecine et sur les retombées sociales politiques et symboliques qu'ils impliquent. Sur le plan éthique, les thérapies géniques *somatiques*, sans incidence sur la descendance, sont autorisées par les lois de bioéthique ; les thérapies *germinales*, portant sur les cellules de la lignée reproductrice, sont strictement interdites. Quant à faire en sorte que le progrès des connaissances et le progrès médical ne soient pas réservés uniquement aux citoyens des pays riches comme c'est le cas aujourd'hui, c'est une toute autre question que la science et la médecine ne sont pas à elles seules capables de résoudre.

LA BREVETABILITÉ DES GÈNES ET LE BIOPIRATAGE

Faut-il breveter le vivant et les gènes ? Le débat, qui a fait rage autour des années 2000, semble aujourd'hui derrière nous. La loi du plus fort s'est imposée : des dizaines de milliers de lignées vivantes, bactériennes, végétales et animales, et plus encore de gènes, y compris humains, sont aujourd'hui soumises à brevet. Dans son principe, un brevet protège la propriété intellectuelle et sanctionne un contrat « donnant-donnant » entre l'inventeur et la société représentée par l'État. Il est autant droit à l'exclusivité qu'au partage. Il protège l'inventeur en lui conférant un monopole d'exploitation exclusive pendant vingt ans ce qui lui permet de rentabiliser des recherches éventuellement coûteuses. En contrepartie il s'oppose au secret : l'invention est rendue publique et la société peut en principe bénéficier de ses bienfaits. Trois critères sont nécessaires pour qu'un procédé ou un produit soit brevetable : une exigence de *nouveauté* ; une activité *inventive*, innovante et « non évidente » ; des *applications techniques* industrielles ou médicales utiles (à quoi il faut ajouter l'absence de trouble à l'ordre public). Ne sont pas brevetables : *les découvertes* c'est-à-dire la connaissance de réalités préexistantes à l'homme et non modifiées par lui ; *les idées et les théories*, mêmes nouvelles ; *les créations artistiques*. Le système fait partie intégrante de l'économie de marché et de la logique libérale des sociétés capitalistes. Depuis deux siècles, il a certainement contribué aux innovations et au développement de nos sociétés opulentes, technicisées et inégalitaires. Fait par et pour les intérêts des pays riches il a aussi des conséquences négatives : les brevets sont utilisés pour monopoliser de nouvelles technologies, s'assurer des marchés à l'exportation ou entraver le développement des pays qui ne maîtrisent pas les techniques.

Les biologistes s'opposent majoritairement à la brevetabilité des gènes, non pas parce qu'ils condamnent le système des brevets en lui-même, mais parce qu'ils critiquent son *application au vivant*. Par son originalité, celui-ci mérite un traitement différent, pensent-ils. Leur position est claire : « *Ni les gènes, ni les cellules, ni les tissus, ni les organes d'origine végétale, animale, voire humaine ne doivent être considérés comme des inventions, ni faire l'objet de monopoles accordés par des brevets.* » Et leurs arguments sont nombreux. Le premier : les gènes ne sont pas des inventions, ils ne doivent rien au génie humain, leur séquençage est *la découverte d'un objet naturel* existant depuis longtemps. Un autre, plus radical encore : le brevet fait obstacle à l'accès de tous à la connaissance, au progrès de la science et à son partage, puisqu'il oblige à payer pour accéder à une simple information ; il est préjudiciable à la recherche et à la santé humaine qu'il oriente vers les seules applications rentables, ce qui est peu conciliable avec le droit de tout humain à se soigner. De plus ce système est une sorte de *commercialisation du corps humain* qui devient fournisseur de matières premières. Ajoutons qu'il n'y a pas lieu de faire un cas particulier de l'homme, dont la plupart des gènes sont communs à d'autres espèces. De plus, le vivant, parce qu'il se reproduit lui-même, est « produit » de manière radicalement différente de toute marchandise puisqu'il change (il mute) en se reproduisant ! Dans cette situation jusqu'où peut aller le brevet, et quelles sont ses limites ?

Enfin, *du brevetage au biopiratage il n'y a qu'un pas* : les pays riches maîtrisent les techniques, les pays pauvres sont les réservoirs enviés de la biodiversité. Le système des brevets ne peut qu'amplifier *les inégalités* entre les uns et les autres, ce qui n'a rien d'un objectif éthique ! Utilisées depuis des temps immémoriaux, protégées et sélectionnées par les populations locales, les plantes médicinales recèlent des richesses que certains s'approprient ainsi pour 20 ans ! Au bout du compte les brevets appliqués au vivant représentent la perversion de l'esprit même des brevets. Ils sont une confiscation, voire une appropriation intolérable de la connaissance scientifique. En cela ils ne peuvent que freiner les progrès de la biologie, l'innovation et la recherche. Ce qui est éventuellement brevetable, ce sont seulement *les procédés* de découverte ou d'exploitation du vivant.

Les arguments des défenseurs des brevets sont explicités quant à eux dans une directive européenne de 1998 : « *Un élément isolé du corps humain ou autrement produit par un procédé technique, y compris la séquence ou la séquence partielle d'un gène, peut constituer une invention brevetable, même si la structure de cet élément est identique à celle d'un élément naturel.* » En d'autres termes, « *si le corps humain, ainsi que la simple découverte de la séquence d'un gène ne peuvent constituer des inventions brevetables* » (les grands principes sont saufs !), dès lors que la même séquence est isolée, hors de l'organisme, elle peut être brevetée car elle est alors considérée comme *un produit chimique* que l'on crée, que l'on fabrique et manipule hors de son cadre naturel. Les partisans des brevets évoquent aussi *des arguments économiques* : dans un monde où la compétition est redoutable le brevet est un moyen efficace de financer la recherche ; de plus, si l'on ne « joue pas le jeu », les chercheurs risquent de partir pour l'étranger.

Aujourd'hui le droit des brevets s'est imposé, avec même l'aval des pays pauvres qui voient dans cette appropriation *un moyen de protection* de leur patrimoine biologique. Les débats ont envahi les instances internationales où s'affrontent conceptions différentes et conflits d'intérêt. Les textes de lois encadrant l'exploitation des ressources biologiques sont nombreux, redondants et souvent contradictoires. Certains résultent d'accords internationaux, d'autres sont propres à un pays ou à un groupe de pays. *Le principe éthique de la non-appropriation et du libre accès aux ressources génétiques naturelles sous toutes leurs formes (séquences, gènes, cellules, individus, écosystèmes) peine toujours à s'imposer face aux impératifs économiques du marché.*

Chapitre V

L'ÉCOLOGIE, L'ENVIRONNEMENT, L'HOMME ET L'ANIMAL

Le monde n'est pas une marchandise.
(slogan politique)

Tous les astronautes le disent : vue du ciel, la Terre apparaît merveilleusement belle, verte et bleue, lumineuse, mais petite et fragile, perdue dans l'immensité du cosmos. On sait aujourd'hui qu'elle est menacée, agressée, en danger : il faut la protéger.

« Citoyen du monde, citoyen de la biosphère, citoyen de la planète », le biologiste est convaincu que les problèmes actuels de pollution, d'extinction des espèces, de réchauffement climatique, ceux de la faim dans le monde, du terrorisme et des guerres récurrentes, ne trouveront de solutions durables qu'à l'échelle de la planète elle-même. Les hommes sont condamnés à s'entendre. C'est bien l'éthique qui est convoquée.

DE LA SCIENCE À LA POLITIQUE

L'écologie est l'étude scientifique des interactions entre les organismes et leur environnement. Forgée dans les années 1880 par Haeckel, fervent défenseur de l'évolution et progressiste convaincu, elle est restée une discipline spécialisée plus ou moins confidentielle pendant près d'un siècle, avant d'entrer en force dans l'opinion et d'être récupérée par la politique. Des générations de scientifiques ont défini sa démarche : une approche synthétique du vivant ; et ses méthodes : la priorité donnée aux observations sur le terrain. Elles ont établi les lois d'évolution et d'interactions des populations, celles des transferts et des transformations de matière et d'énergie, de la circulation de l'information, du maintien ou de la rupture des équilibres naturels. Aujourd'hui, nombre de concepts issus de l'écologie sont d'usage courant : *biocénose, biotope, biosphère, écosystème, écosphère, biodiversité.*

À partir des années 1970, devant « l'insuffisance des partis traditionnels » à intégrer les valeurs et les préoccupations écologistes et devant « leur erreur à désigner le véritable adversaire » (que serait l'augmentation de la production, de la productivité et de la consommation), émerge peu à peu *une écologie politique et électorale,* qui devient autonome et indépendante avec la candidature de l'agronome René Dumont aux élections présidentielles de 1974. Aujourd'hui, se développe *un écologisme radical,* à la fois théorique avec la remise en cause de la science et de la croissance ; et militant, avec « la désobéissance civile » érigée en principe. Pour lui, l'état de la planète et l'épuisement prévisible des réserves de pétrole annoncent une crise écologique d'une intensité sans précédent. Pour la prévenir, une rupture radicale avec le système économique dominant basé sur la croissance s'impose, et implique dans les pays riches une diminution de la consommation des biens matériels, des mesures de rationnement, et donc *une décroissance économique.*

LE CONSTAT : LA PLANÈTE VA MAL

Notre Terre va mal, très mal, et cela pour longtemps. Au-delà des chiffres toujours discutables et des querelles entre spécialistes, un consensus scientifique est établi sur les faits suivants : la planète se réchauffe ; le niveau des mers monte ; les océans sont surexploités ; les forêts tropicales disparaissent ; la couche d'ozone protectrice contre les UV solaires s'amincit ; les sols et les eaux se dégradent ; les déserts avancent, les glaciers reculent ; les déchets s'accumulent et la pollution s'accroît ; le béton s'étale ; l'espace lui-même est encombré ; les virus, les bactéries et les insectes vecteurs de maladies voyagent, les espèces invasives et ravageuses aussi ; la probabilité de catastrophes industrielles augmente ; le bioterrorisme se profile à l'horizon ; la faim, la pauvreté et les inégalités perdurent ou s'amplifient... Et la liste n'est pas exhaustive. Nous vivons *la plus grande crise d'extinction massive des espèces* que la Terre ait connue. Ce n'est pas la première, on en repère, par l'étude des fossiles, plusieurs dizaines. La plus radicale est celle de la fin de l'ère primaire, avec la disparition de 90 % des espèces. La plus célèbre et médiatisée est celle de la limite secondaire-tertiaire, il y a 65 millions d'années, qui a vu disparaître 80 % des espèces dont les fameux Dinosaures (à l'exception de ceux qui se sont transformés en Oiseaux). Ces disparitions sont toujours dues à des changements rapides du milieu, les espèces n'ayant pas « le temps » de s'adapter sur le plan biologique. Après la crise, suit toujours une explosion évolutive rapide à l'échelle géologique, mais exigeant des millions d'années. Environ 1/4 à 1/3 des espèces vont disparaître avant 2050, particulièrement les plus « espacivores », donc parmi les grands mammifères terrestres ou aquatiques. Les Bactéries semblent moins concernées en raison de leur taille et de leur capacité de reproduction qui confèrent une grande vitesse d'adaptation.

UN MODÈLE DE DÉVELOPPEMENT NON VIABLE

L'extinction des espèces est inhérente à leur histoire elle-même : 99 % de celles ayant existé, et qui étaient pourtant « bien adaptées », ont aujourd'hui disparu. Les climats suivent des cycles continuels de réchauffement et de refroidissement, les aires de répartition, les couverts végétaux et les paysages se modifient, supprimant ou créant de nouvelles niches écologiques. Les moteurs « naturels » sont de trois ordres : *cosmique* (chute de météorites, variations de l'axe de rotation de la planète) ; *géologique* (la tectonique des plaques rapproche ou fragmente les continents, le volcanisme modifie l'atmosphère) ; *biologique* (l'oxygène de l'air est un déchet métabolique produit par les bactéries et les végétaux chlorophylliens, les sols n'existent qu'en raison de la symbiose entre racines et champignons). Ainsi, l'ère quaternaire, celle de l'homme, est marquée par la succession de plusieurs glaciations qui ont considérablement appauvri les faunes et les flores.

Mais le facteur essentiel, celui sur lequel nous pouvons agir, est sans conteste *l'action dévastatrice de l'homme*. Jusqu'ici, l'histoire de l'humanité s'identifie à des processus agressifs des écosystèmes : l'agriculture et l'élevage ; la déforestation ; l'urbanisation ; les guerres ; l'introduction d'espèces nouvelles ; la surexploitation des espèces pêchées ou chassées ; les pesticides et les pollutions ; les marées noires ; la sélection de variétés appauvries ; l'accentuation du réchauffement climatique... C'est en fragmentant, en réduisant et en supprimant les habitats que l'homme est le plus dangereux pour les espèces vivantes. Car on sait que plus un écosystème est étendu, divers et riche d'espèces, plus il est productif, plus il est stable et plus vite il se rétablit en cas de perturbation. Il faut donc le constater : rares sont les peuples qui vivent en équilibre harmonieux avec leur environnement.

Depuis l'ère industrielle, les choses se sont aggravées de manière quasi exponentielle. La raison en est un modèle de *développement économique non viable.* C'est du moins la conclusion du premier « sommet de la Terre », regroupant plus de cent cinquante pays il y a une quinzaine d'années à Rio : « *La cause principale de la dégradation de l'environnement mondial est un schéma de consommation et de production non viable, notamment dans les pays industrialisés, qui est extrêmement préoccupant dans la mesure où il aggrave la pauvreté et les déséquilibres.* »

Et depuis lors, les rejets de gaz carbonique (CO_2) ont encore augmenté de 10 % à 20 %. Une faible part de la population mondiale (moins de 20 %) consomme 80 % de l'énergie non renouvelable, et près de 50 % de l'eau douce. Comparées à celles des pays du Sud, les émissions de gaz à effet de serre par habitant sont 10 fois plus importantes. Et la pauvreté absolue concerne un milliard d'individus. Il faut en convenir : la logique économique mondiale, la primauté donnée au marché et au commerce, la recherche du profit, la compétition et l'individualisme, font bien peu de cas des préoccupations écologiques. Le pillage de la planète n'est pas qu'une formule imagée.

BIOÉTHIQUE, BIOPOLITIQUE ET DÉVELOPPEMENT DURABLE

Et cependant les choses bougent : de discussions informelles en négociations, de débats locaux en controverses internationales, de déclarations d'intention en textes de droit normatifs, de conventions sur la diversité en protocoles sur la sécurité… les prises de conscience et les décisions se multiplient. Il y a beaucoup de bonnes volontés, beaucoup d'initiatives, et plus encore de projets : réserves naturelles ; espaces et sites classés ; parcs régionaux et nationaux ; réintroduction d'espèces ; récolte et conservation du plus grand nombre possible d'échantillons (même s'ils ne pourront être exploités que plus tard). C'est aux niveaux européen et mondial que sont aujourd'hui abordés les problèmes. On multiplie les « sanctuaires », « les temples de la nature », les « points chauds de la biodiversité ». Deux idées nouvelles ressortent : faire communiquer les zones protégées par de grands « couloirs » à l'échelle de la planète ; y maintenir la présence humaine, l'homme faisant partie intégrante des écosystèmes. Certains considèrent que la haute technologie peut ouvrir un marché nouveau et proposent des solutions originales : stockage durable du CO_2 dans des cavités souterraines ou les fonds océaniques ; accroissement de la productivité végétale en multipliant les plantations (faire des « poumons verts », des « puits » à CO_2) ; saupoudrer les océans de fertilisants pour développer le plancton ; diminuer le rayonnement solaire en libérant des aérosols dans la haute atmosphère. Le problème est que l'on ne maîtrise pas les conséquences à long terme et l'on craint la fuite en avant.

Quelques décisions politiques et juridiques feront certainement date : l'adjonction d'une charte de l'environnement à notre Constitution ; la reconnaissance du principe de souveraineté des États sur leurs ressources biologiques ; l'affirmation du droit à un partage juste et équitable des avantages liés à la biodiversité ; le droit des générations futures à une Terre viable ; enfin et surtout l'entrée en vigueur du *protocole de Kyoto* qui, pour lutter contre le réchauffement climatique, prévoit de réduire les émissions de gaz à effet de serre (protocole, rappelons-le, auquel n'ont toujours pas adhéré les États-Unis, l'Inde et la Chine). La responsabilité individuelle des citoyens, les économies d'énergies et la mise en œuvre d'énergies renouvelables (solaire, vent, géothermie), le « commerce équitable », l'« agriculture biologique », sont de plus en plus sollicités et encouragés. Le principe pollueur-payeur et l'idée d'une écotaxe sur les activités polluantes font peu à peu leur chemin.

Et peu à peu s'impose la notion de *développement durable* qui se donne pour objectif *d'intégrer l'écologie à l'économie.* D'un côté, les écosystèmes et la biodiversité sont reconnus comme des richesses à l'origine de biens et de services rendus aux hommes (sources de matières premières, régulateurs du climat, initiateurs d'émotions et de bien-être). Les économistes leur accordent *une valeur marchande,* évaluent leur prix, et ils entrent dans la loi de l'offre et de la demande. Ils deviennent un enjeu économique et commercial, objet d'appropriation, de spéculation et d'échanges. Il faut optimiser leur production et les préserver pour qu'ils restent rentables. D'un autre côté l'environnement, la biodiversité et les ressources génétiques sont déclarés *patrimoine commun de l'humanité et des générations futures,* et les États en sont les gardiens et les protecteurs.

Comme l'écrit le Monde diplomatique, le développement durable « repose sur une idée simple : le développement est durable si les générations futures héritent d'un environnement dont la qualité est au moins égale à celle qu'ont reçue les générations précédentes. Ce développement suppose l'application de trois principes : *le principe de précaution* qui favorise une approche préventive plutôt que réparatrice ; *le principe de solidarité* entre les générations actuelles et futures, et entre toutes les populations du monde ; et *le principe de participation* de l'ensemble des acteurs sociaux aux mécanismes de décision ». On le voit, cette vision généreuse remet en cause la logique de totale libéralisation actuelle, et cherche à lui substituer d'autres valeurs et d'autres impératifs, plus humains, éthiques et écologiques. C'est certainement le défi majeur proposé aujourd'hui à la jeunesse du monde entier. La route sera longue. Les enjeux sont énormes. Les législations insuffisantes et non harmonisées. Les États-Unis s'isolent et refusent à ce jour de changer de logique. Et cependant *la conscience planétaire* monte comme le montre le succès des initiatives qualifiées d'altermondialisation.

NOS VISIONS CULTURELLES DE LA NATURE

Telle que son image s'est construite dans nos civilisations occidentales à partir de la Renaissance, la nature est perçue comme extérieure à l'homme qui l'étudie et la comprend pour mieux l'exploiter, pour s'en « rendre maître et possesseur ». En phase avec les succès de l'économie marchande, cette vision a largement alimenté le mythe de la science et de la technique identifiées « au progrès de l'homme et de l'humanité ». Plus récemment, le balancier s'est inversé et la confiance absolue en une science jugée « bonne-en-soi » a été remplacée par la crainte d'une « science-épouvantail » dont viendrait tout le mal : irresponsable, enivré par la puissance de ses moyens techniques, le chercheur serait « un apprenti-sorcier » qui injurie, agresse et viole une Nature pacifique et virginale. Sacraliser la Nature, la diviniser (sous les traits de la déesse Gaïa), l'identifier à la féminité (ses qualités seraient la beauté et la fécondité), en faire un modèle de perfection (« elle est bien faite, il ne faut pas y toucher »), y voir un ordre harmonieux à copier pour la société, sont des idées si anciennes qu'elles hantent toujours notre inconscient collectif. Une sorte de religiosité et de respect superstitieux perdurent, entretenant le mythe du paradis terrestre originel. En réalité, la Terre entière a été façonnée par l'homme, qui est allé partout et marque tout de son empreinte : directement ou indirectement tous les paysages terrestres lui doivent quelque chose. Une approche plus « écocentrée » est à l'ordre du jour, qui met en avant l'intégration de l'homme à la planète comme un élément parmi d'autres des écosystèmes. C'est nous qui appartenons à la nature, et non l'inverse.

Des phénomènes géologiques catastrophiques comme de récents tremblements de terre ou la vague géante de l'Océan indien qui a tué plus de 300 000 personnes, nous rappellent que la planète peut aussi être hostile. La nature n'est ni bien faite, ni mal faite, ni bonne, ni mauvaise, *elle est*, tout simplement, *elle est indifférente à l'homme*. Lui seul dit le bon et le beau, voit et ressent l'harmonie ou le désordre. Lui seul définit l'utile et le dangereux, se fixe des objectifs à la lumière desquels la nature apparaît hostile ou complice. « Tel rocher qui manifeste une résistance profonde si je veux le déplacer sera, au contraire, une aide précieuse si je veux l'escalader pour contempler le paysage » dit Jean-Paul Sartre. Le rocher est neutre, « il attend d'être éclairé par une fin pour se manifester comme adversaire ou comme auxiliaire ». Il en est de même du progrès scientifique et technique : associé à une plus grande maturité éthique et politique il pourra éviter les effets dévastateurs d'origine cosmique, géologique, ou humaine. Et s'il nous faut protéger la nature, ce n'est pas parce qu'elle serait parfaite, mais pour des raisons strictement humaines, définies et acceptées collectivement, pour le « mieux-vivre ensemble ». Les valeurs et les principes normatifs sont toujours affaire de conventions et de choix partagés.

DE NOUVELLES RELATIONS AVEC LES ANIMAUX

Depuis une vingtaine d'années, enraciné dans l'évolution profonde de nos sociétés, se développe *un mouvement en faveur des animaux*. Notre perception change pour des raisons multiples, dont certaines sont d'ordre scientifique :

l'acceptation de l'origine animale de notre espèce, la démonstration de notre proximité génétique avec les chimpanzés, l'existence d'émotions et de comportements sociaux complexes chez de nombreux primates. Les relations se modifient peu à peu : la chasse et les corridas sont contestées, le transport et l'abattage des animaux surveillés, l'enseignement en travaux pratiques évolue. L'expérimentation animale, qui reste indispensable, est soumise à de nouvelles lois et se multiplient les solutions alternatives, sur cellules et en tubes à essais. La perspective nouvelle de greffes de tissus et d'organes animaux sur l'homme (les xénogreffes) ouvre un large débat où se mêlent données scientifiques (risques de transmission de micro-organismes pathogènes et de virus latents qui pourraient franchir la barrière d'espèce) et éthiques. L'Homme a-t-il le droit de tuer un animal ? Quel niveau de risque la collectivité peut-elle accepter pour autoriser des essais cliniques sur un malade en attente de greffe et condamné ? Quelle surveillance, quel contrôle et quelle législation sanitaires ?

Longtemps considéré par le droit comme une chose, un bien ou un produit agricole, l'animal n'a pas de *personnalité juridique*. Cependant, il se voit reconnaître *une protection juridique* dans de nombreux textes de loi relatifs, entre autres, aux mauvais traitements, à l'expérimentation, aux conditions délevage, de transport et d'abattage. En 1997 à Amsterdan, quinze chefs d'État de l'Union européenne ont signé un protocole lui reconnaissant le statut « *d'être sensible* » ainsi qu'une clause dite « *du bien être animal* ». Celle-ci inclut plusieurs critères à respecter : la satisfaction des besoins nutritifs et physiologiques, l'absence de maladies, un environnement confortable et non agressif, l'absence ou la réduction du stress. Diverses associations de défense et de protection s'emploient, sur le terrain, à faire respecter les textes.

QUELS FONDEMENTS ULTIMES POUR L'ÉTHIQUE ?

S'appuyant sur cette notion « d'être sensible », un courant éthique conteste la position particulière et la prééminence habituellement accordées à l'homme sur le reste du monde vivant. Appliquant le principe moral d'agalité de considération, il voudrait inclure l'animal dans notre communauté morale et prendre en compte les intérêts de tout être vivant « indépendamment de son appartenance à telle ou telle espèce ». Il réclame en conséquence l'établissement d'un Droit pour les animaux. Ce courant s'alime à certaines conceptions religieuses (« toute vie est sacrée »), et à d'autres, matérialistes (« l'Homme n'est qu'une espèce comme toutes les autres »). Ainsi, Peter Singer écrit : « La doctrine du caractère sacré de la vie n'est plus défendable… Appartenir à l'espèce humaine ne donne pas forcément droit à un meilleur traitement que le fait d'être membre d'une autres espèce ».

La question posée aux jeunes générations est alors de savoir quelle est la base ultime de l'humanisme et de la bioéthique. Est-ce *l'égocentrisme* ? La priorité à soi, l'individualisme, la défense des intérêts personnels (même jointe au principe de réciprocité : « ne fais pas à autrui ce que tu ne voudrais pas qu'il te fasse ») ? Est-ce *l'anthropocentrisme ?* Nous n'aurions des devoirs qu'envers les hommes et qu'envers nos descendants ? Est-ce *le biocentrisme ?* Tout être vivant, autant que l'homme devrait avoir les mêmes droits ? Ou enfin est-ce *l'écocentrisme ?* La référence ultime serait l'écosphère, l'ensemble interactif de la biosphère et de son biotope, la planète elle-même ? En d'autres termes, pourquoi faut-il protéger l'environnement et sauvegarder la biodiversité ? Est-ce pour eux-mêmes, ou pour leur intérêt pour l'homme actuel et à venir ? Le premier versant de la réponse ne fait aucun doute : bien sûr, et tout d'abord, c'est pour *des raisons pratiques, médicales et économiques.* L'environnement est notre lieu de vie et les espèces vivantes sont sources d'aliments, de médicaments et d'autres molécules d'intérêt. Sans oublier les gènes que l'on peut y prélever. La biodiversité est « une assurance au long cours » pour l'humanité. Restent les questions proprement éthiques : est-ce moral ou non de laisser disparaître une espèce du fait de nos comportements ? Et parce qu'ils souffrent, les animaux méritent-ils considération et protection *autant que nous* ?

La morale et le droit sont les fondements de la vie sociale *des humains,* et nous obligent à assumer ce privilège *humain* qui implique de subordonner l'animal aux intérêts bien compris des hommes. Le premier devoir de chacun, sa première responsabilité, est son *obligation d'assistance* envers les autres. Et c'est au nom de cette solidarité qu'il ne peut s'autoriser à faire n'importe quoi dans son environnement. Le respect de soi-même et de l'humanité implique aussi un respect et des devoirs (strictement humains !) envers les animaux, le vivant et la planète toute entière. S'il nous faut la sauver, c'est bien parce qu'elle est notre habitat et la source de notre existence. La survie de l'humanité est à ce prix.

DES CONTRADICTIONS ET DES CONFLITS D'INTÉRÊTS

L'éthique écologique nous conduit ainsi à réfléchir sur l'existence des *contradictions* et des *conflits d'intérêts* qui la traversent. Conflit entre l'individu, le malade condamné en attente de greffe, et la collectivité, éventuellement exposée au risque infectieux d'une xénogreffe. Conflit entre les régions et entre les États : les ressources génétiques et la biodiversité se trouvent pour l'essentiel dans les forêts tropicales humides (où vivent la moitié des espèces connues), donc dans les pays pauvres du Sud ; les techniques capables de les exploiter sont au Nord, dans les pays industrialisés, riches et inégalitaires. La morale la plus élémentaire exigerait pour le moins une coopération franche et désintéressée là où perdure encore le biopiratage des médicaments et des gènes. Conflit entre l'intérêt immédiat et à court terme, produire et consommer sans limites, et celui des générations à venir qui pourraient être confrontées à une Terre appauvrie et non viable.

Parce que l'épuisement et la dégradation des milieux (qu'ils soient naturels ou artificialisés par l'homme) sous l'effet d'un développement économique non maîtrisé menacent ce développement lui-même et, en conséquence, les améliorations qu'il pourrait engendrer, il ne paraît plus possible de centrer la bioéthique uniquement sur les intérêts de l'individu. C'est *l'humain dans tout ce qu'il a d'universel* qui doit devenir la véritable entité de valeur à prendre en compte. Dans cette perspective, l'environnement et la biodiversité sont bien *le patrimoine commun de l'humanité* dont les humains et les États, leurs instances et leurs juridictions, sont les gardiens et les protecteurs. Décidément, la réflexion bioéthique n'est pas près de s'éteindre.

CONCLUSION

Définitivement sortie des laboratoires, la biologie a investi la société tout entière, s'imposant comme une composante majeure de l'avenir. Et de la biologie à la bioéthique le chemin est de plus en plus court. Toutes les questions de société en débat aujourd'hui ont un dénominateur commun, le passage obligé par un filtre qui opère le tri : *la conception la plus personnelle et la plus intime que chacun se fait de la vie et du vivant, de l'homme et de sa place dans la nature.* Tous nos jugements, nos choix et nos prises de position en dépendent. Or, sur ce plan, la biologie a son mot à dire.

La science est une œuvre collective. En quelques siècles d'observations, d'analyses et d'expérimentations, en se démarquant des apparences, du sens commun, et des multiples obstacles idéologiques qui constituaient autant de freins, elle a construit *une vision scientifique et rationnelle*, certes imparfaite, mais de plus en plus fidèle. La vie n'est pas une entité transcendante, elle est *un processus naturel accessible à la connaissance*, la façon d'être d'une matière complexe perpétuellement changeante, en elle-même et dans ses interactions avec l'environnement. Notre espèce a *une origine animale* ; c'est nous qui appartenons à la nature et non l'inverse. À l'évidence, ce modèle met en cause bien des croyances et oblige à revisiter bien des certitudes. En cela il interroge et met en cause *la fonction explicative* des religions et des grands dogmes mythiques. On ne peut plus admettre comme vérités des affirmations en contradiction manifeste avec ce que la biologie nous apprend sur le vivant, son origine ou son histoire. De cela, il faut que nous nous accommodions.

Mais la vie est une chose, les représentations symboliques que nous en avons en sont une autre ! Manifestement, la raison n'est pas seule à commander nos idées et nos actes. Nos émotions, nos préférences inconscientes, ce qui ressort pour nous du sens intime, ne paraissent guère justiciables d'un raisonnement logique, et une part de subjectivité reste nichée au cœur de la démarche scientifique elle-même. L'irrationnel perdure, les mythes et les rites sont toujours présents, le surnaturel et l'invisible séduisent, le religieux n'est pas que résiduel, les quêtes spirituelles individuelles fleurissent… Le besoin de croyance est universel. « La magie qui était initiale est également terminale » dit le Professeur Jean Bernard. Cela aussi, il nous faut l'accepter.

Si les représentations imaginaires, magiques et religieuses, persistent, c'est parce qu'elles ont une autre fonction que celle, explicative, qu'on leur attribue ; et parce qu'elles viennent de très loin, et certainement du plus profond de nous-mêmes. Elles sont anhistoriques, s'enracinent dans notre inconscient et, comme lui, elles ignorent le temps. Elles réapparaissent sans cesse, sous des formes déplacées et masquées, générées par le fonctionnement même de notre cerveau en réponse au contexte culturel. Elles se complaisent dans le mystère, accordent au vivant des pouvoirs impénétrables, mettent au centre de leurs préoccupations « le respect de *la vie* » et son « caractère *sacré* ». De la contraception à l'avortement, des recherches sur l'embryon à l'euthanasie, elles s'en prennent à « tout ce qui touche à *la vie* ». Elles refusent d'admettre que les choses n'ont de valeur que celles, qu'en tant qu'êtres humains vivant en société, nous leur accordons. Oui, la vie *humaine* est sacrée, d'autres diront non transgressable, et cela non seulement au sens religieux du terme, mais dans une acception bien plus large : *humainement parlant. La vie humaine est celle de la personne* et le respect inconditionnel que nous lui devons résulte d'un *jugement moral* que nous portons et acceptons en commun.

Resurgit ainsi l'éternelle question des relations entre croyance et incroyance, entre science et religion. Les deux coexistent aujourd'hui, et certainement pour quelque temps encore. Sont-elles deux facettes de l'esprit et de l'activité humaine qui seraient séparées, ne parlant pas le même langage, ni de la même chose, reflétant des processus mentaux différents ? Peut-être. Sont-elles juxtaposées, additives et complémentaires ? Ou au contraire sont-elles exclusives et définitivement contradictoires ? La question est alors de savoir si, à terme, l'une peut phagocyter l'autre, et laquelle ? Enfin, sont-elles susceptibles de convergence, de rencontre, voire de fusion ? Les avis sont pour le moins partagés.

C'est certainement une exigence structurelle de l'esprit humain de construire une représentation globale du monde qui soit unifiée et cohérente. Or les systèmes fondés sur les mythes sont alléchants puisqu'ils englobent tout, et ont réponse à tout. Par nature ils sont hégémoniques. Lorsque la croyance fonctionne, chacun entre dans une partition commune, éprouve un sentiment d'appartenance, construit un mode d'emploi pour son existence. La science est plus modeste, se satisfait de réponses partielles, d'incertitudes, mais elle nous aide aussi à atteindre ces mêmes objectifs. Elle ne prétend pas rendre Dieu obsolète, elle le renvoie à l'intimité des consciences, et lui reconnaît ainsi sa juste place, celle que lui font les croyants et l'histoire. La science elle aussi relie les hommes entre eux, confère le sentiment d'appartenance dans une quête commune et dans le respect de valeurs universelles. Elle aussi développe le sens de l'infini et de l'invisible, la conscience que nous sommes liés à des lois de l'Univers « extra-humaines », qui ont conduit à nous, et qui nous dépassent, mais que nous pouvons comprendre, sans aucune adjonction extérieure. Elle aussi construit une vision globale et synthétique du monde, avec au centre ces perles précieuses que sont le hasard, le doute et l'esprit critique. Elle aussi apporte l'espérance et le réconfort de ne pas être seul, même « s'il ne fait pas bon, en ces temps, être rationnel » (Philippe Boulanger). Il faut en finir avec l'idée qu'en dehors des religions il n'y aurait ni morale, ni sens à l'existence humaine. En situant l'homme à sa juste place dans l'Univers, la science et la biologie l'obligent à plus de responsabilité et le mettent, seul, aux commandes de sa propre histoire.

BIBLIOGRAPHIE

Ouvrages généraux

ALLÈGRE Claude, *Dieu face à la science*, Fayard, 1997.
ATLAN Henri, *L'Utérus artificiel*, Seuil, 2005.
BERNARD Jean, *La Bioéthique*, Flammarion, 1994.
CYRULNIK Boris, *L'Homme, la science et la société*, Éd. de l'aube, 2000.
GOULD Stephen Jay, *Et Dieu dit : que Darwin soit*, Le Seuil, 2000.
HABERMAS Jürgen, *L'Avenir de la nature humaine*, Gallimard, 2001.
JACOB François, *La Logique du vivant*, Gallimard, 1970.
JACQUARD Albert, *Éloge de la différence*, Le Seuil, 1978
JORDAN Bertrand, *Les Marchands de clones*, Le Seuil, 2003.
KAHANE Ernest, *La Vie n'existe pas !* Éd. rationalistes, 1962.
KAHN Axel, *Et l'homme dans tout ça ?*, Nil, 2000.
MATTEI Jean-François, *Les Droits de la vie*, O. Jacob, 1996.
MONOD Jacques, *Le Hasard et la nécessité*, Le Seuil, 1970.
RUFFIÉ Jacques, *Le Sexe et la mort*, O. Jacob, 1986.
SÈVE Lucien, *Pour une critique de la raison bioéthique*, O. Jacob, 1994.
THUILLIER Pierre, *Les Passions du savoir*, Fayard, 1988.

Revues scientifiques

Biofutur, Éd. Elsevier, Paris.
Revue de l'Association des Professeurs de Biologie et Géologie, Paris.
Cahiers du Comité Consultatif National d'Éthique pour les sciences de la vie et de la santé, Paris.
La Recherche, Société d'éditions scientifiques, Paris.
Médecine Sciences, Masson Périodiques, Paris.
Pour la Science, Édition française de Scientific American, Paris.
Sciences et Avenir, Paris.

TABLE DES MATIÈRES

Imprimé en France par MAME Imprimeurs à Tours (n° 06012120)